DUMONTS KLEINES

# FAHRRAD
## LEXIKON

Marken · Technik · Design

Tobias Pehle & Team

DÖRFLER·VERLAG

Alle in diesem Buch enthaltenen Angaben etc. wurden von den Autoren nach bestem Wissen erstellt und von ihnen und dem Verlag mit größtmöglicher Sorgfalt überprüft. Gleichwohl sind inhaltliche Fehler nicht vollständig auszuschließen. Daher erfolgen die Angaben etc. ohne jegliche Verpflichtung oder Garantie des Verlags oder der Autoren. Eine Haftung der Autoren und des Verlags für Personen-, Sach- und Vermögensschäden ist ausgeschlossen.

© Rebo International b.v., NL-Lisse
© der deutschsprachigen Ausgabe: DÖRFLER VERLAG GmbH, Eggolsheim

Konzeption: Tobias Pehle
Realisation: Medien Kommunikation, Unna

Im Internet finden Sie unser Verlagsprogramm unter:
www.doerfler-verlag.de

# Inhalt

# Vorwort

## Die vielfältige Welt des Fahrrads

Ein kleines Lexikon wie dieses kann der großen Welt des Fahrrads kaum gerecht werden: Es gibt allein weltweit über 1000 Hersteller, die vom Einzelteil, der so genannten Komponente, bis zum kompletten Rad hunderttausende von verschiedenen Produkten herstellen. Hinzu kommen die vielen Zubehörteile – von der Leuchte bis zum Anhänger – und ein breites Spektrum an Sportbekleidung: vom Fahrradschuh bis hin zum Renneinteiler.

Beim Thema Fahrrad sind allerdings zwei Lager zu unterscheiden: Auf der einen Seite steht der Spitzensport mit seinen Hightech-Maschinen und höchstspezialisierten Fahrern. Und auf der anderen Seite gibt es die Welt des Breitensports, bei dem vom Fahranfänger auf dem Kinderrad über Familien und Sportbegeisterte bis hin zu Senioren alle ihre Freizeit auf zwei Rädern genießen.

Und genau an diese Menschen richtet sich dieses Buch. Es ist kein Lexikon für Experten, die auch die letzte technische Raffinesse interessiert. Vielmehr geht es um all die Aspekte, die im Radalltag wichtig sind: um die verschiedenen Radtypen mit ihren Vor- und Nachteilen, um die landläufigen Fachbegriffe, die zum Beispiel beim Fahrradkauf wichtig sind, um die Grundregeln der Radsportarten, die im Fernsehen übertragen werden. Das Anliegen ist hier, Grundverständnis zu ermöglichen und Basiswissen zu vermitteln.

Ein deutlicher Schwerpunkt liegt auf dem Thema Kaufberatung. Dabei geht es nicht um Vergleiche, Ratings oder Tests, sondern grundsätzlich um all die Fragen, die beim Fahrradkauf wichtig sind: Welches Bike passt zu mir, worauf muss ich achten, was ist verzichtbar? Um einen Überblick über den Markt zu ermöglichen, stellen wir zudem die wichtigsten Hersteller in Kurzportraits vor.

Aber Fahrradfahren ist keine Wissenschaft, sondern in erster Linie Spaß an der Bewegung, am gesunden Leben, am unterwegs sein in freier Natur. Und den vermitteln in diesem Buch zuallererst die Fotos. Sie spiegeln die Faszination wider, die das Fahrradfahren zu einer der beliebtesten Sportarten überhaupt gemacht hat.

Das Fahrradfahren ist mehr als nur ein Fortbewegen. Es ist auch eine besonders reizvolle Möglichkeit, die Welt zu entdecken. Und so runden Kurzportraits der schönsten europäischen Radreiseländer dieses Buch ab. Auf über 50 Seiten stellen wir die interessantesten Radtouren vom hohen Norden Skandinaviens bis in den tiefen Süden Spaniens vor. Und vielleicht bekommen Sie ja Lust, sich auf den Sattel zu schwingen und sich aufzumachen, Neues zu entdecken. Denn darum geht es schließlich beim Bike: ums Radfahren.

In diesem Sinne viel Spaß beim Lesen und Fahren.

# Spaß auf zwei Rädern

# Natürlich unterwegs

### Technik, die begeistert

Zwei Räder, zwei Pedale, zwei Griffe – so einfach kann Technik sein. Und zwei Füße zum Treten, zwei Hände zum Lenken und zwei Augen zum Sehen: So einfach kann es sein, gesünder zu leben und Spaß zu haben.

Vielleicht ist es diese Einfachheit, die die eigentliche Faszination des Fahrradfahrens ausmacht. Denn es ist schon erstaunlich: Quer über den Globus – von Asien über Europa bis nach Amerika – gehört das Fahrrad einfach zum Leben dazu. Und wer das Fahren mit dem Rad einmal gelernt hat, vergisst es nicht: Selbst Menschen, die durch schwere Schicksalsschläge einen Teil ihrer einstigen Fertigkeiten eingebüßt haben, können oftmals auch dann noch Fahrradfahren, wenn sie die meisten anderen erlernten Techniken nicht mehr beherrschen.

Offensichtlich ist Fahrradfahren weit mehr als eine Form der

Fortbewegung: Es ist ein Stück Lebensphilosophie und ein Genuss. An der frischen Luft unterwegs zu sein, sich durch eigene Muskelkraft fortzubewegen und Natur unmittelbar zu erleben – all das ist mindestens genauso wichtig, wie von Punkt A nach Punkt B zu gelangen.

Gerade in der heutigen – von Hektik und Stress geprägten – Welt bietet das Bike eine perfekte Möglichkeit, sich zu entspannen und für sich selbst etwas zu tun. Wie viele Menschen das so empfinden, zeigt sich allein schon an schönen Sommertagen, wenn Hunderttausende mit dem Rad unterwegs sind. Tief Luft holen und durchatmen – das tut man beim Radfahren nicht nur körperlich, sondern auch seelisch.

## Technik und Lifestyle

Aber nicht nur das Radfahren, auch das Rad selbst übt auf viele eine große Faszination aus: Die Top-Bikes von heute sind für Radbegeisterte weit mehr als pragmatische Vehikel – es sind Kultobjekte, die man wertschätzt und bewundert. Sie bestechen durch wertvolle Materialien und perfekte Verarbeitung, absolutes Hightech und trendiges Edeldesign.

Rund um den Globus arbeiten viele Menschen mit Hingabe an ihren Rädern: von Jugendlichen, die an ihren Bikes schrauben, über Tüftler, die ausgefallene Zweiräder konstruieren, bis hin zu Spezialisten, die in Edelschmieden perfekte Fahrräder bauen. So bietet sich ein unglaublich vielfältiges Bild: Ob ein Ein- oder Kunstrad und Renn- oder Mountainbike, ob Tandem oder Trikebike (dreirädrige Fahrräder) und Kinder- oder Seniorenrad – schon das Standardangebot ist unglaublich vielfältig.

Dementsprechend steht jemand, der sich heute ein Fahrrad kaufen möchte vor einer großen Auswahl an faszinierenden Maschinen – und die Besten von ihnen kosten genauso viel wie ein PS-starkes Motorrad.

## Gesund und Fit auf zwei Rädern

Wer regelmäßig in die Pedale tritt, lebt gesünder als andere Menschen. Die positiven Auswirkungen, so haben Studien belegt, wirken sich nicht nur auf die Muskulatur aus, sondern beugen auch effizient Krankheiten vor – selbst da, wo man es nicht vermutet. So hat man z. B. festgestellt, dass sich bei Frauen, die mindestens drei Stunden in der Woche

radeln, das Brustkrebsrisiko um ein Drittel verringert.

Zugleich beugt man weit verbreiteten Gesundheitsproblemen wie Rückenschmerzen oder Herz-Kreislauf-Erkrankungen vor. Die körperliche Aktivität, die mit dem Radeln verbunden ist, reduziert das Herzinfarktrisiko um mehr als 50 Prozent. Denn beim Fahrradfahren steigt das Schlagvolumen des Herzens, die Pumpleistung wird mit der Zeit regelmäßiger und der Blutdruck sinkt ab.

Ein weiterer Effekt ist, dass das schädliche LDL-Cholesterin abgebaut wird, welches für die Verkalkung der Blutgefäße verantwortlich ist. Zugleich nimmt die Menge des nützlichen, dem Gefäßschutz dienlichen HDL-Cholesterins zu. Radfahren kräftigt die Muskulatur – ohne den Körper dabei übermäßig zu belasten.

Während man beispielsweise beim Joggen oder Fußballspielen das gesamte Körpergewicht mit sich herumschleppen muss, werden beim Fahrradfahren siebzig bis achtzig Prozent des Gewichts durch den Fahrradsattel abgefangen. So sorgt man für Muskelaufbau, ohne die Gelenke über die Maßen zu strapazieren.

Für einen positiven gesundheitlichen Effekt ist die richtige Sitzposition ausschlaggebend. Wenn der Rahmen auf die Körpergröße abgestimmt und Lenker und Sattel richtig eingestellt sind, nimmt man eine optimale Haltung ein: Der Oberkörper ist leicht nach vorn geneigt, Rücken- und Bauchmuskeln werden leicht gespannt. Das kräftigt und stützt den Rücken.

Das regelmäßige Treten in die Pedale trainiert besonders die Muskulatur im Lendenwirbelbereich und es spricht die Muskeln an den Rückenwirbeln an, die ansonsten nur wenig trainiert werden. Positiv wirkt sich zudem auf die Wirbelsäule aus, dass durch die Bewegung die Bandscheiben geschmeidiger und somit unanfällig für Beschwerden werden. Und: Durch das Radeln bewegt man auch die Kniegelenke. Deren Nährstoffversorgung wird angeregt, was zum Schonen der Gelenkknorpel führt.

Allerdings: Zu einem gesünderen Leben trägt man nur bei, wenn man vernünftig mit sich selbst umgeht. Dazu gehört ganz sicher, den Körper nicht übermäßig zu strapazieren. Achten sollte man vor allem darauf, dass man ihn

beim Radfahren nicht übermäßig beansprucht. Wer nach längerer Pause – zum Beispiel nach dem Winter – wieder aufs Rad steigt, sollte sich nicht übernehmen und die etwas erschlaffte Muskulatur erst langsam wieder aufbauen.

Auch der richtigen Kleidung kommt Bedeutung zu: Durch die körperliche Anstrengung kommt man ins Schwitzen – und die Zugluft vor allem beim schnellen Bergabfahren kann schnell zu Infekten führen. Zwar stärkt man durch das Radeln ganz allgemein das Immunsystem, aber trotzdem ist es sinnvoll, atmungsaktive Kleidung zu tragen, die den Luftaustausch und damit das Trocknen der Haut verbessert.

## Der Radsport

Es gibt kaum eine Sportart, die in den letzten Jahren in Bezug auf Doping so negative Schlagzeilen geschrieben hat wie der professionelle Straßenradsport. Offensichtlich ist manchem Rennfahrer, Teamleiter oder Arzt jedes Mittel recht gewesen, die Leistung durch unsaubere Methoden zu steigern. Dabei hat es sie nicht abgeschreckt, dass sie ihre Gesundheit aufs Spiel setzten und eine ganze Sportart in Misskredit brachten. Und noch immer ist nicht jedes Rennen sauber.

Doch das spricht allein gegen Einzelne – nicht aber gegen den Sport an sich. Er besitzt nach wie vor eine hohe Anziehungskraft. Hunderttausende säumen die Straßen der Tour de France, des Giro d'Italia oder der Vuelta a España, um nur die wichtigsten Straßenrennen zu nennen. Sie beklatschen zu Recht die großartigen Leistungen der Spitzensportler, die Kraft, den Elan und das fahrerische Können.

Diese Leistungen sind es auch, die in den letzten Jahren zu einem regelrechten Fahrradboom beigetragen haben. Dass das Fahrrad im Breitensport eine solche Bedeutung erlangen konnte, liegt sicherlich auch in der medienwirksamen Vermarktung des Radrennsports begründet. Zudem haben die Hightech-Entwicklungen, die zunächst für den Spitzensport gedacht waren, wie ergonomische Lenker oder verbesserte Bremssysteme, längst den Massenmarkt erreicht und sorgen so aktiv für mehr Fahrvergnügen.

Und: Radsport ist weit mehr als Tour de France und Co. Zum Beispiel bei den Mountainbikern und den BMX-Profis oder bei den Kunstrad-Artisten und den Radball-Sportlern. Sie alle werden von unzähligen fairen Sportlern ausgetragen, die sicherlich nicht so im Rampenlicht stehen wie die Radrennprofis – aber diesen Sport als das betreiben, was er wirklich ist: Eine faszinierende Möglichkeit, das Leben zu bereichern.

# Sicherheit geht vor

## Mit Sicherheit unterwegs

Fahrradfahrer sind im Straßenverkehr einem erhöhten Unfallrisiko ausgesetzt. Im Gegensatz zum Auto haben ihre Gefährte weder Knautschzonen noch Airbags. Deshalb kommt dem Thema Sicherheit eine erhöhte Bedeutung zu. Das betrifft sowohl das Fahrverhalten als auch die Räder.

## Die Straßenverkehrssicherheit

In allen europäischen Ländern gibt es Vorschriften, wie ein Fahrrad ausgestattet sein muss, um am öffentlichen Straßenverkehr teilnehmen zu dürfen. Leider sind diese Vorschriften nicht einheitlich. Die Unterschiede beziehen sich allerdings meist nur auf Details wie z. B. die Leuchtdichte von Reflektoren. Fast in allen Ländern sind folgende drei Minimalausstattungen vorgeschrieben:

▶ Das Fahrrad muss über zwei getrennte Bremssysteme verfügen, und zwar über eine Vorderrad- und eine Hinterradbremse. Beide Systeme müssen intakt sein.

▶ Das Fahrrad muss über eine Lichtanlage verfügen. Dazu gehören ein weißes Frontlicht und ein rotes Rücklicht. Zudem sind ein weißer Reflektor vorn und ein roter Reflektor hinten Pflicht. In einigen Ländern sind zudem mindestens je zwei gelbe Reflektoren an den Speichen des Vorder- und Hinterrades sowie Pedale mit seitlich angebrachten, gelben Reflektoren erforderlich.

▶ Am Fahrrad muss sich eine akustische Warnglocke befinden.

Auch wenn vor allem Jugendliche eine Lichtanlage oder eine Warnglocke oft als überflüssig oder uncool empfinden, so gilt es doch zu bedenken, dass die Vorschriften nur eines im Sinn haben: Ein Minimum an Verkehrssicherheit zu gewährleisten. Sie dienen also vorrangig dem eigenen Schutz. Wer mit einem verkehrsunsicheren Fahrrad am Straßenverkehr teilnimmt, schneidet sich ins eigene Fleisch. Und: Bei einem Unfall mit einem nicht ordnungsgemäß ausgestatteten Fahrrad können Versicherungen ihre Zahlungspflicht verweigern.

Neben den gesetzlich vorgeschriebenen Ausstattungsdetails gibt es eine ganze Reihe weiterer sinnvolle, die Sicherheit erhöhende Maßnahmen. Dazu zählen vor allem ein geschlossener Kettenschutz, rutschsichere Pedale, seitliche Abstandshalter, rutschfester Sattel und eine Beleuchtung mit Standlichtautomatik.

## Top-Ten-Tipps: Sicheres Radeln

▶ Steigen Sie nur aufs Rad, wenn Sie sich fit fühlen. Denn man fährt nur dann sicher, wenn man sich gut konzentrieren kann. Müde oder gar alkoholisiert zu fahren, ist unverantwortlich.

▶ Steigen Sie nur auf ein verkehrssicheres Fahrrad. Vor allem die Bremsen müssen funktionieren, aber auch die Lichtanlage sollte intakt sein. Am besten führen Sie regelmäßig einen kurzen Check durch.

▶ Tragen Sie einen Helm. Vor Unfällen ist niemand gefeit. Und im Fall der Fälle schützt ein gut sitzender Helm den Kopf effektiv – allerdings nur dann, wenn er gut passt und richtig sitzt.

▶ Fahren Sie vor allem bergab nicht zu schnell. Durch die Geschwindigkeit nimmt die Haftung der Räder ab und die Reaktionszeit vermindert sich drastisch. Auch bei guten Bremsen braucht das Rad länger, um zum Stehen zu kommen.

▶ Überanstrengen Sie sich nicht. Wenn man beim Radeln an seine Leistungsgrenze stößt, nimmt automatisch die Konzentrationsfähigkeit ab – und das

Unfallrisiko steigt. Lieber öfter Pause machen statt Strecken abzureißen.

▶ Planen Sie Ihre Fahrradroute so, dass sie möglichst über Radwege oder wenig befahrene Straßen führt. Vor allem bei Fahrten auf stark befahrenen Landstraßen oder beim Radeln im Verkehrsdickicht der Stadt erhöht sich das Unfallrisiko.

▶ Fahren Sie vorausschauend. Als Radfahrer sind sie leichter im Straßenverkehr zu übersehen als beispielsweise ein Autofahrer. Vor allem an Kreuzungen sollten Sie die Geschwindigkeit reduzieren.

▶ Befestigen Sie Taschen oder Gepäckstücke sicher und sinnvoll. Durch zusätzliche Lasten verschiebt sich der Schwerpunkt und es wird schwieriger das Rad zu kontrollieren. Verwenden Sie sicher montierte Körbe oder Taschen oder tragen Sie einen Rucksack.

▶ Wenn Sie zu mehreren unterwegs sind, sollten Sie hintereinander und nicht nebeneinander fahren. Halten Sie dabei ausreichend Abstand.

▶ Verzichten Sie auf Kopfhörer. Man überhört sehr leicht herannahende Autos, zudem sind Kopfhörer beim Radfahren in einigen Ländern gesetzlich verboten.

# Die Geschichte

## Vom Hochrad zum Bike

Wenn man bedenkt, dass das Rad schon mehrere tausend Jahre vor dem Beginn unserer Zeitrechnung erfunden wurde, überrascht es, dass es noch einmal mehrere tausend Jahre dauerte, bis jemand auf die Idee kam, ein Fahrrad zu bauen. Erst im 19. Jahrhundert machten sich Tüftler und Erfinder aus Europa daran, Zweiräder als Fortbewegungsmittel zu konstruieren.

Als Geburtsstunde des modernen Fahrrads wird die Erfindung der Laufmaschine im Jahr 1817 angesehen. Der badische Forstmeister Karl Drais stellte in diesem Jahr in Mannheim die später nach ihm benannte Draisine vor.

Für die Ursachen von Drais' Erfindung gibt es verschiedene Theorien. Eine besagt, dass Drais in der Zurückgezogenheit des Biedermeiers viel Zeit hatte, seine Lust am Tüfteln auszuleben.

Eine andere Theorie vertritt die These, dass schwere Missernten zwischen 1812 und 1817 die Entwicklung entscheidend vorantrieben. Damals habe es kaum genug Getreide gegeben, um ausreichend Brot für die Bevölkerung

zu backen. Deshalb sei das Korn als Futter für Pferde, welche die Kutschen zogen, ebenfalls zu teuer gewesen. Deshalb habe Drais nach alternativen Fortbewegungsmitteln gesucht, die ohne Pferde auskommen sollten.

Drais' Laufmaschine war eine Sensation, da man mit ihr viel schneller und mit weniger Anstrengung Strecken zurücklegen konnte als zu Fuß. Der Fahrer sitzt dabei auf dem Gefährt und stößt sich mit den Beinen vom Boden ab. Da sein Gewicht von der Konstruktion getragen wird, ist diese Art der Fortbewegung deutlich leichter und gelenkschonender als zu Fuß zu gehen.

Gelenkt wird mit einem Stock, der direkt mit dem Vorderrad verbunden ist. Das ermöglicht es zu steuern, auch ohne dass ein Fuß den Boden berührt. Das Gleichgewicht hält der Fahrer, indem er die Ellenbogen auf einer Armablage unterhalb des Lenkers auflegt und durch Gewichtsverlagerungen auf dem Brett die Balance beibehält.

Trotz dieser Vorteile wurde die Draisine kein Verkaufsschlager. Dazu waren die Straßen noch zu schlecht ausgebaut. Zudem war die Laufmaschine gegenüber den allmählich aufkommenden pedalgetriebenen Fahrrädern zu langsam und zu teuer.

Mitte des 19. Jahrhunderts entwarf der französische Kutschenbauer Pierre Michaux ein Zweirad mit „Tretkurbeln". Diese Antriebstechnik war allerdings nicht neu. Bereits im Mittelalter verwendeten Handwerker Schleifsteine mit Pedalen. Mit Michauxs Veloziped, der später nach ihm benannten „Michauxline", kam man deutlich schneller und kraftsparender voran als mit der Draisine, da man sich nicht mehr vom Boden abstoßen musste.

Besonders komfortabel war eine Fahrt auf dem Gefährt jedoch nicht. Die Räder waren mit Eisen beschlagen. Um den Komfort wenigstens etwas zu erhöhen, verkleinerte Michaux das Hinterrad. Über diesem brachte er den Sattel auf einem Bügel an, der die gröbsten Stöße abfedern sollte. Der Erfolg der Maßnahme war jedoch eher bescheiden. Nicht umsonst bekam die Maschine in England den Spitznamen „Boneshaker" (Knochenschüttler).

Ein Nebenaspekt der Federung sollte für die Weiterentwicklung des Fahrrads große Bedeutung erlangen: Wenn man das Antriebsrad vergrößert, kann man bei gleich vielen Tritten größere Strecken zurücklegen. Diese Überlegung führte zum Bau von Hochrädern, bei denen das Vorderrad deutlich größer war als das Hinterrad, das im Prinzip nur noch ein Stützrad war. Für Hochräder war die Entwicklung von Felgen mit leichten, aber dennoch stabilen Stahlspeichen wichtig. Als Erfinder des Hochrades gilt der Engländer James Starley.

Im Extremfall betrug der Durchmesser des Vorderrades zwei Meter. Dieses sowie kugelgelagerte Räder und Kautschukreifen erlaubten zwar hohe Geschwindigkeiten bis 40 km/h, machten das Fahren aber auch gefährlich, da der Schwerpunkt des Rades sehr hoch war und fast direkt über dem Vorderrad lag. Stürze, teilweise mit Todesfolge, waren an der Tagesordnung. Hersteller boten sogar Kurse an, um das unfallfreie Auf- und Absteigen zu erlernen.

Dennoch erfreute sich das Hochrad großer Beliebtheit, erlaubte es doch jedem, sich wie ein Adliger „hoch zu Ross" fortzubewegen. Doch die Behörden reagierten auf die Unfallhäufigkeit. Zeitweise war der Erwerb eines Radführerscheins Pflicht, das Fahren auf öffentlichen Wegen wurde verboten. Gegen 1860 hatten die Fahrradhersteller ein Einsehen und begannen mit der Produktion von niedrigeren Rädern.

Um den Verlust an Geschwindigkeit, der durch den Wegfall der großen Räder bedingt war, auszugleichen, entwickelte der französische Uhrmacher André Guilmet 1869 ein Fahrrad, bei dem die Tretkurbeln nicht am Vorderrad, sondern wie bei modernen Fahrrädern in der Mitte des Gefährts angebracht waren. Per Kette wurde die Kraft auf das Hinterrad übertragen. Eine Zahnradübersetzung sorgte dafür, dass die Geschwindigkeiten genauso hoch waren wie die von Hochrädern.

1884 stellte John Kemp Starley, Neffe des Hochrad-Erfinders, das Sicherheits-Niederrad „Drachen-Rover" vor. Es hatte ebenfalls eine Kette, die mit dem Hinterrad verbunden war. Mit diesem Rad, das sich schnell zu einem äußerst begehrten und beliebten Produkt entwickelte, vertrieb Starley die letzten Hochräder und Michauxlinen.

Vom „Drachen-Rover", der modernen Fahrrädern schon erstaunlich ähnlich sieht, bis zum heutigen technischen Standard fehlten nun nur noch wenige Schritte. Diese wurden schnell gemacht. 1888 erfand der britische Tierarzt John Boyd Dunlop den Luftreifen und eröffnete damit Radfahrern eine neue Dimension des Komforts gegenüber den seit einigen Jahren gebräuchlichen Vollgummireifen.

Nur ein Jahr später, 1889, patentierte in den USA A. P. Morrow den Freilauf, den Ernst Sachs zuvor in Deutschland entwickelt hatte, zusammen mit der Schaltung.

Dank der industriellen Massenfertigung wurden Fahrräder, die wenige Jahre zuvor im Verhältnis noch fast soviel kosteten wie heute ein Kleinwagen, für immer mehr Leute erschwinglich.

In den folgenden Jahrzehnten folgten viele Weiterentwicklungen, Verbesserungen und technische Spielereien, etwa Riemen- oder Kardanantrieb. Doch das Gründgerüst des Fahrrads – Rahmen, Räder, Pedale, Sattel, Lenker – ist bis heute im Prinzip unverändert geblieben.

# Die Fahrradtypen

# Das richtige Bike

## Die Radtypen im Überblick

Wer sich als Laie für ein neues Fahrrad interessiert, sieht sich einer enorm großen Vielfalt an unterschiedlichsten Rädern gegenüber, die sich in Technik und Design, vor allem aber auch im Preis erheblich unterscheiden. Der Markt gliedert sich dabei in verschiedene Fahrradtypen, die man in folgende Gruppen einteilen kann:

## Alltagsräder

Hierunter fallen alle alltagstauglichen Räder, die vor allem für die Fahrt auf asphaltierten Wegen oder ähnlich ebenen, sicheren Untergründen ausgelegt sind. Zu dieser Gruppe gehören in erster Linie die so genannten Tourenräder, die auch als Citybikes oder Stadträder bezeichnet werden, da sie für das bequeme Fahren auf Straßen und Radwegen konstruiert sind. Man könnte sie auch als Standardräder bezeichnen. Zu ihnen zählen auch die so genannten Holland-Räder.

Neben den Standard-Tourenrädern fallen auch die Reiseräder für längere Strecken und die Trekkingbikes für gelegentliche Fahrten auch auf unbefestigteren Untergründen in diese Kategorie. Eine Besonderheit stellen in dieser Gruppe transportfreundliche Falträder sowie Liegeräder dar, in denen man nicht aufrecht sitzt, sondern in einer liegeähnlichen Position fährt.

## Sporträder

Diese Gruppe unterteilt sich in viele verschiedene Fahrradtypen, die auf ganz unterschiedliche sportliche Herausforderungen hin ausgelegt sind. Zu ihnen zählen allen voran die Rennräder für das Erzielen hoher Geschwindigkeiten auf der Straße und die Mountainbikes für die sichere Fahrt in unebenem Gelände. Das BMX-Rad stellt eine Untergruppe der Mountainbikes dar. Bei diesen Fahrradtypen gibt es ein breites Angebot, nicht nur für Spezialisten sondern auch für den Breitensport.

Hinzu kommen noch eine ganze Reihe von Spezialrädern wie z. B. das Bahnrad für den sportlichen Vergleich in einem Velodrom oder auch das Kunstrad für artistische Fahrkunst.

## Spezialräder

Ob das Tandem für die Fahrt zu zweit, das Spezialfahrrad für den Postboten oder auch die Räder für behinderte Menschen – neben den Alltags- und Sporträdern bietet der Markt ein großes Angebot speziell konstruierter Bikes an. Sie sind auf besondere Funktionen oder Personengruppen hin gefertigt.

## Fahrräder mit Hilfsantrieb

Die letzte Gruppe umfasst Fahrräder, die sowohl durch das Treten in die Pedale als auch durch Motorkraft betrieben werden können. Auch hier gibt es wieder verschiedene Konstruktionen.

Die folgenden Seiten stellen die wichtigsten Radtypen vor. Der Schwerpunkt liegt dabei auf alltagstauglichen Freizeiträdern. An die Portraits schließen sich Kurzinformationen zu den wichtigsten Herstellern an.

Da es weltweit mehrere tausend Unternehmen gibt, die Fahrräder, Komponenten oder Zubehör herstellen, ist die Auswahl auf solche Unternehmen konzentriert, die über ein weit verbreitetes, internationales Vertriebsnetz verfügen und eine gewisse Marktbedeutung besitzen.

# Tourenrad

## Fahrspaß im Alltag

Einfache Gebrauchsräder werden in der Fachsprache als Tourenräder oder Citybikes bezeichnet. Sie sind eigentlich nicht dafür ausgelegt, über bergige Pisten zu fahren oder möglichst hohe Geschwindigkeiten zu erreichen. Vielmehr wollen sie den Besitzer sicher und komfortabel von einem Punkt zum anderen bringen.

Das Angebot ist dementsprechend groß. Preiswerte No-Name-Räder gibt es bereits für wenige hundert Euro, vorzugsweise bei Discountern oder Baumärkten. Allerdings: Diese Räder unterscheiden sich in der Regel erheblich von ihren Markengeschwistern. Nicht nur, dass meist einfachste Komponenten verbaut werden, auch die Fertigungsqualität ist oft eher niedrig.

Die enormen Qualitätsunterschiede wirken sich so auf Sicherheit, Fahrspaß und die Lebensdauer des Rades aus. Besonders unerfahrene Kaufinteressierte sollten sich also kompetent beraten lassen. Die meisten

Kriterien, die bei der Auswahl und beim Kauf eines Tourenrads angelegt werden sollten, gelten übrigens auch für die Trekking- und Reiseräder.

## Der richtige Rahmen

Für großes Fahrvergnügen bei geringer Belastung der eigenen Muskelkraft ist die Rahmenhöhe ausschlaggebend. Sie wird von der Mitte des Tretlagers bis zur Oberkante des Sitzrohrs gemessen und sollte nicht nur von der Körpergröße abhängig gemacht werden. Genauso wichtig ist die Schrittlänge, also die Innenbeinlänge vom Boden bis zum Schritt. Beide Werte kann der Fachhändler ermitteln und damit den richtigen Rahmen aussuchen. Die Größe wird in Zoll angegeben.

Für das Handling des Rads, die Langlebigkeit und die Sicherheit eines Rahmens spielen Material und Verarbeitung eine entscheidende Rolle.

Citybikes werden in der Regel nur in zwei Varianten angeboten: Mit einem Stahlrahmen in Speziallegierung und mit Aluminumrahmen. Ein Stahlrahmen ist schwerer, dafür aber grundsätzlich belastbarer. Aluminium hingegen macht das Fahrrad leichter, ist aber nicht ganz so robust. Wenn ein

Fahrrad nur selten getragen werden muss –
zum Beispiel in einen Fahrradkeller – ist also
nicht zwangsläufig ein Alurahmen einem
Stahlrahmen vorzuziehen.

## Die Sitzposition

Beim Fahren spielt die richtige Sitzposition
eine wichtige Rolle. Diese wird nicht nur
durch den Rahmen, sondern auch durch Sattel und Lenker bestimmt. Beide müssen individuell auf die Größe des Fahrers einstellbar
sein, damit beim senkrechten Beintritt in die
Pedale genügend Spielraum verfügbar ist.

## Der Lenker

Die Auswahl des richtigen Lenkers kann die sichere Kontrolle des Bikes verbessern und das Fahrvergnügen steigern.
Es gibt die unterschiedlichsten Formen, die dem jeweiligen
Fahrverhalten entgegenkommen. Die gerade Lenkstange
kann nach stundenlangen Radtouren durch widriges
Gelände für schmerzende Gelenke sorgen. Abhilfe schaffen
speziell gekrümmte Versionen, mit Bügeln und unterschiedlichen Griffen.

Als Faustregel gilt: Der Lenker sollte nicht breiter sein
als die eigenen Schultern und immer auf die eigene Sitzposition eingestellt werden. Wer trotzdem einen Druck auf die

Schulterpartie oder die Handgelenke verspürt, sollte mit dem Händler über einen anderen Lenker sprechen.

## Der Sattel

Für das gelegentliche Fahren empfiehlt sich ein bequemer Sattel, der eine gute Haltung ermöglicht. Je mehr Gewicht auf dem Sattel lastet – wie bei City- oder Tourenrädern –, desto breiter sollte der Sattel sein. Eine gute Federung darf nicht fehlen, außerdem steigern eingearbeitete Schaumstoff- oder Gelkissen den Komfort. Auch wenn in der Regel nur kurze Wege mit dem Fahrrad zurückgelegt werden, trägt die Bequemlichkeit des Sattels deutlich zur entspannten Haltung auf dem Rad bei. Ein unbequemes Fahrrad kann die Gelenke auch bei kurzen Distanzen belasten. Je sportlicher das Rad, desto schmaler wird der Sattel. So ist er bei Rennrädern extrem schmal; allerdings lastet dort das Hauptgewicht des Körpers auf den Armen des Fahrers und ein breiter Sattel würde beim sportlichen Fahren eher störend wirken.

## Die Schaltung

In der Werbung der Hersteller spielen oft Gangschaltungen mit möglichst vielen Gängen eine wichtige Rolle. Allerdings kann man hier bei einem Tourenrad Abstriche machen. Mehr als sieben Gänge sind für eine normale Nutzung des Fahrrads im Alltag nicht notwendig, da in der Regel keine überdurchschnittlichen Anstiege zu bewältigen sind und der normale Verkehr keine Rennumsetzung erfordert. In den Geschäften stehen aber auch zahlreiche Modelle mit Schaltungen bis zu 24 Gängen.

Der Käufer sollte sich allerdings genau überlegen, ob er diese tatsächlich benötigt, da sie in preiswerten Ausführungen häufig problemanfälliger sind als Schaltungen mit weniger Gängen. Bei hochwertigen Baugruppen – so benennt der Profi die verschiedenen Teile der Schaltung – sind allerdings auch bei vielen Gängen kaum Probleme zu erwarten. Doch Qualität hat auch hier seinen Preis.

## Die Bremsen

Keine Kompromisse dürfen bei den Bremssystemen gemacht werden. Sie müssen je-
derzeit funktionstüchtig sein und auch in
unerwarteten Situationen abrupt den Stillstand ermöglichen. Bei Citybikes kommen
in der Regel die klassischen Felgen- und
Rücktrittbremsen zum Einsatz. Viele Modelle verfügen über zwei Felgenbremsen,
je eine vorn und hinten.

Wer allerdings mit einem Rad mit Rücktritt groß
geworden ist, sollte sich überlegen, ob er nicht auf die andere Variante zurückgreift: Felgenbremse vorn und Rücktritt
hinten. Bei qualitativ hochwertigeren Fahrrädern sind beide
Systeme als gleichwertig anzusehen.

Neben den Standardbremsen bietet der Handel auch
zahlreiche Spezialsysteme an, die durch unterschiedliche
technische Eigenschaften überzeugen, aber auch einige
Nachteile haben. Sie sind wesentlich teurer und beim Kauf
gilt es, sich genau zu informieren.

## Reifen und Profil

Auch die Wahl des Reifens hat Einfluss auf das Fahrvergnügen. Dabei gilt die Faustregel: Je schmaler und glatter
ein Reifen ist, desto schneller läuft er. Breite, stollige Reifen
hingegen verlangsamen zwar die Fahrt, sorgen aber für

wesentlich besseren Griff. Deshalb sind Rennräder mit sehr dünnen, Mountainbikes hingegen mit sehr breiten Reifen ausgestattet. Für Tourenräder empfiehlt sich ein Kompromiss mit einem relativ glatten Profil und einer Breite von 25 bis 30 mm.

## Die Ausstattung

Tourenräder werden in der Regel mit allen Bauteilen angeboten, die von der Straßenverkehrsordnung vorgegeben sind. Aber natürlich gibt es auch in Bezug auf die Lichtanlage und den Dynamo erhebliche Unterschiede. Sinnvoll sind Leuchten mit Halogenlicht, weil sie ein helleres Licht abgeben. Bei modernen Fahrrädern geht das Licht nicht

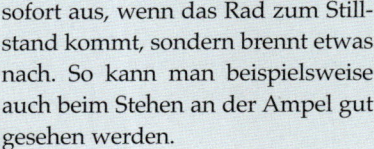

sofort aus, wenn das Rad zum Stillstand kommt, sondern brennt etwas nach. So kann man beispielsweise auch beim Stehen an der Ampel gut gesehen werden.

Zu berücksichtigen ist zudem, dass man mit dem Citybike auch kleine Lasten transportiert. Beim Kauf eines Rades sollte man sich erkundigen, ob es spezielle Aufbauten oder Körbe für das Rad gibt. Denn jede zusätzliche Last verändert das Fahrverhalten. Zudem mindern wackelige oder falsch angebrachte Körbe die Sicherheit.

# Trekkingrad

## Über Stock und Stein

Für Freunde ausgeprägter Radtouren, die häufig auf asphaltierten Straßen unterwegs sind, sich aber auch von weniger befestigten Waldwegen, unregelmäßigen Schotterpisten oder sandigen Pfaden nicht aufhalten lassen wollen, empfiehlt sich ein Trekkingrad. Es stellt eine alltagstaugliche, gelungene Mischung aus strapazierfähigem Mountainbike und bequemem Citybike dar, die durch ihre technische Vielseitigkeit auf jedem Terrain eine gute Figur macht.

Für die nötige Stabilität sorgt ein massiver Rahmen, der in der Regel aus Stahl gefertigt ist. Außerdem werden seine Eigenschaften durch spezielle Legierungen verbessert. Aber auch bei diesem Fahrradtyp trifft man auf Aluminium als Baustoff, da das Material sehr leicht ist und nicht rostet.

Für Fahrqualität und -spaß ist eine aufwändigere Schaltanlage mit einer optimalen Umsetzung entscheidend: Die meisten Trekkingbikes haben 21 Gänge, also drei Kettenblätter mit

einem Siebenfach-Zahnkranz. So hat man auf der Straße und im Gelände optimale technische Voraussetzungen.

Damit sich das Trekkingrad in unebenem Gelände genauso sicher fahren lässt wie auf asphaltierten Straßen, verfügt es in der Regel über 28-Zoll große Laufräder, mit durchschnittlich 35 mm breiten Reifen. Diese verfügen über ein Stollenprofil, um die Bodenhaftung zu verbessern.

Gerade bei der Bereifung gibt es allerdings große Unterschiede: Für Fahrer, die ihr Bike zumeist auf sicheren Verbindungswegen nutzen, ist es sinnvoller, auf Reifen mit glatterem Profil zurückzugreifen. Sie erleichtern das Fahren in der Stadt.

Die Bremswirkung wird von den – vom Mountainbike bekannten – Cantilever-Bremsen ermöglicht, die in bergigem Gelände eine kontrollierte Fahrweise begünstigen. Herkömmliche Felgenbremsen sind aufgrund der dickeren Reifen des Trekkingrades nur wenig empfehlenswert.

Da dieser Fahrradtyp für die Fahrt auf verschiedenen Terrains ausgelegt ist, gibt es einige Modelle, die nicht für den normalen Straßenverkehr zugelassen sind, z. B. fehlen die Lichtanlage, die Reflektoren und das Schutzblech. Wer diesen Radtyp auch im normalen Straßenverkehr einsetzen möchte, sollte auf eine komplette Ausstattung achten.

# Reiserad

## Auf großer Fahrt

Ein spannender Urlaub muss nicht unbedingt mit dem Auto oder der Bahn geplant werden, sondern kann auch direkt vor der Tür mit dem eigenen Fahrrad beginnen. Für eine Strecke von mehreren hundert Kilometern ist allerdings ein Bike notwendig, das besonders belastbar und technisch hochwertig ist. Dafür bietet der Handel spezielle Reiseräder, die alle wichtigen Eigenschaften in ihrer Konstruktion vereinen.

Diese Bikes zeichnen sich durch einen stabilen Rahmen aus, sind schnell zu reparieren und auch auf langen Strecken komfortabel zu fahren. Selbst kurze Bergetappen sind problemlos zu bewältigen. Das ermöglichen aufwändige Gangschaltungen mit leistungsfähiger Umsetzung und schmale Reifen, die geschmeidig über asphaltierte Wege gleiten.

Da Reiseräder meistens auf langen Strecken viel Gepäck tragen, müssen sie äußerst belastbar sein. Deshalb ist die Rahmenkonstruktion auf Stabilität ausgelegt und besteht aus dünnwandigen, nahtlos gezogenen Rohren. Da es nicht auf hohe Renngeschwindigkeiten ankommt, können diese Vehikel durchaus schwerer gebaut werden. Als Material wird vor allem Stahl verwendet, der durch spezielle Legierungen zusätzliche Festigkeit und eine enorme Elastizität erhält.

Die Rahmengeometrie ist denen anderer Radtypen durchaus ähnlich. Der Radstand beträgt zwischen 103 und 105 cm und ist somit ein Kompromiss aus guter Wendigkeit und stabiler Geradeausfahrt mit sehr guten Federungseigenschaften. Schließlich gilt im Fahrradbereich die Regel: Je niedriger der Radstand, desto größer ist die Wendigkeit des Drahtesels.

Die bessere Kurvenlage verschlechtert allerdings das Handling, weil das Bike insgesamt empfindlicher reagiert. Der große Abstand zwischen der Vorder- und Hinterachse erzeugt zusätzlich den Raum für das Schutzblech und den Dynamo. Auf diese Weise ist auch genügend Platz zwischen den Pedalen und dem Vorderrad vorhanden. Damit haben die Füße mehr Trittfreiheit und kommen nicht so schnell an das Schutzblech oder die Packtaschen.

Zudem haben Reiseräder einen sehr geringen Rahmenwinkel. Dadurch ist die Sattelposition etwas nach hinten versetzt. Dieses erlaubt zwar eine angenehmere Sitzposition, kann aber bedeuten, dass der Fahrer bei Bergauffahrten mehr Kraft einsetzen muss.

Die meisten Reiseräder verfügen über eine Schaltung mit 24 Gängen, die aus drei Kettenblättern mit acht Ritzeln besteht. Dadurch ist der Fahrer auf seiner Tour flexibler und kann seine Trittfrequenz den Gegebenheiten anpassen. Generell ist das Reiserad aber nicht auf eine bestimmte Schaltung festgelegt und durch seine Architektur auch mit Technik aus dem Rennrad- oder Mountainbikebereich fahrbar.

Grundsätzlich entscheidet der eigene Fahrstil über die Auswahl, allerdings sollte dabei beachtet werden, dass härtere Touren mit einer flexiblen Schaltung leichter zu überstehen sind. Über Materialschwächen muss man sich allerdings kaum Gedanken machen. Das Kettenblatt und die Kurbelsätze bestehen aus geschmiedeten Leichtmetalllegierungen. Aufgrund dieser qualitativ hochwertigen Fertigung sind gute Reiseräder deutlich teurer als normale Citybikes.

Reiseradfahrer benötigen ausreichend Stauraum. Üblicherweise gibt es einen Hinterradgepäckträger, eine Halterung im Vorderradbereich und spezielle Aufbauten für Lenkertaschen. Die Belastung auf das Hinterrad ist bei diesem Radtypus aufgrund der Rahmengeometrie und des Gepäcks deutlich höher. Die Festigkeit der 28-Zoll-Hochdruckreifen wird durch stabile Speichen sichergestellt. Da Reiseräder nicht mit dem Mountainbike konkurrieren wollen, ist ihre Geländetauglichkeit gering. Deshalb sind die Reifen nur 25 Milimeter breit und haben ein eher glattes Profil ohne große Stollen.

# Kinderrad

## Fahrspaß von Anfang an

Fahrradfahren ist für Kinder viel mehr als nur etwas, das ungemein viel Spaß macht: Es ist eine Herausforderung, an der sie wachsen und lernen. Zugleich trägt das Fahrradfahren vielfältig zur motorischen und geistigen Entwicklung bei: Das Koordinationsvermögen wird geschult, der Gleichgewichtssinn ausgeprägt, die Aufmerksamkeit geschärft. Und natürlich trägt Fahrradfahren – wie bei den Erwachsenen auch – zu einem gesunden Leben und allgemeiner Fitness bei.

Allerdings: Um diese positiven Effekte zu erreichen, müssen die Kinder auf einem für sie optimalen Rad fahren. Es kommt entscheidend darauf an, dass sie sich altersgerecht und sicher mit dem Zweirad bewegen können. Ihr Körperwachstum ist noch nicht abgeschlossen: Haltungsschäden, die z. B. durch falsch gewählte Rahmengrößen oder nicht richtig eingestellte Sättel und Lenker entstehen können, wirken sich dadurch viel dramatischer aus als bei Erwachsenen.

## Sicherheit geht vor

Bei allen Aktivitäten mit dem Rad sollte gerade bei Kindern das Thema Sicherheit ganz oben stehen. Das betrifft sowohl das Verhalten im Straßenverkehr als auch das Fahrrad an sich. Folgende drei Grundregeln sollten so unbedingt immer beachtet werden:

▶ Das Kinderrad sollte sich im Top-Zustand befinden. Nur wenn alles richtig funktioniert und beispielsweise Schutzpolsterungen intakt sind oder die Bremsen perfekt greifen, ist optimale Sicherheit gewährt.

▶ Kleinere Kinder sollten nie ohne Begleitung Erwachsener am öffentlichen Straßenverkehr teilnehmen. Als Faustregel gilt: Kinder sind frühestens ab acht Jahren entwicklungspsychologisch so weit, komplexe Situationen wie den Straßenverkehr richtig erfassen und einschätzen zu können. Vor allem die Geschwindigkeit von Fahrzeugen können sie noch nicht richtig abschätzen.

▶ Kinder sollten nie ohne Helm fahren. Und dieser sollte genau passen, denn sonst verpufft im Fall der Fälle der vermeintliche Schutz im Nichts.

## Das erste Rad

Für Kleinkinder stellt das Fahrradfahren eine besondere Herausforderung dar, was man allein schon daran erkennt, wie stolz sie sind, wenn sie die ersten Meter ohne fremde Hilfe gefahren sind. Der Sinn von Stützrädern ist dabei umstritten: Ernstzunehmende Experten verweisen darauf, dass die Gewöhnung an die Stützräder bei der weiteren Entwicklung radfahrerischer Fähigkeiten eher hinderlich sei.

## Die Qualität der Bikes

Sicher und robust – das sind die beiden Kernanforderungen an ein Kinderrad. Diese stehen und fallen mit der Qualität des Rads. Denn beim Nachwuchs, vor allem bei den

Jugendlichen, sind die Bikes erheblichen Beanspruchungen ausgesetzt. Und nicht zu vergessen ist dabei, dass auch ein Kinderrad aus mehreren hundert Einzelteilen besteht.

Grundsätzlich gilt: Billige Kinderräder haben nur selten die Qualität, die für Fahrspaß, Sicherheit und Langlebigkeit unabdingbar ist. Bei der Wahl des richtigen Rads kommt es vor allem auf folgende Kriterien an:

▶ Das Rad sollte über einen stabilen, hochwertigen Rahmen verfügen, der am besten aus Stahl konstruiert ist.

▶ Das Gewicht des Fahrrads sollte möglichst gering ausfallen, da das Kind dann eine bessere Kontrolle hat.

▶ Die Bremsen sollten leicht zu bedienen sein und schnell reagieren. Vor allem für jüngere Kinder muss das Rad über eine Rücktrittbremse verfügen. Sie können die am Lenker montierten Felgenbremsen noch nicht kraftvoll genug greifen, um schnellstmöglich zum Stillstand zu kommen.

▶ Die Laufräder sollten eine sichere Fahrweise ermöglichen, also ein gutes Profil und die richtige Breite haben.

▶ Bei Fahrrädern für Jungen sollte die Mittelstange nicht zu hoch liegen, damit sich das Auf- und Absteigen einfach gestaltet.

Der Handel unterteilt die Räder nach dem Raddurchmesser: 12 bis 20 Zoll sind für kleine Kinder gedacht, darüber hinaus gibt es auch Versionen mit 20 bis 26 Zoll für Jugendliche. Als entscheidende Kriterien gelten die Körpergröße und die Beinlänge. Für das Kind ist es überaus anstrengend, wenn es mit seinen Füßen nicht richtig in die Pedale treten kann, oder gekrümmt sitzen muss, weil der Abstand zwischen Lenker und Sattel zu groß ist.

Sehr kleine Räder haben noch keine Gangschaltung, bei etwas größeren Modellen reicht eine Siebengangnabe aus. Dabei sollte der Hebel bedienbar sein, ohne die Hand vom Lenker nehmen zu müssen.

Ein Mountainbike ist für Kinder bis 14 Jahren nur eingeschränkt empfehlenswert. Die Cantilever-Bremsen und die Schaltanlage benötigen Kraft und Erfahrung. Wichtig ist dann allerdings, dass das Bike auch straßenverkehrstauglich ausgestattet ist.

Eltern sollten den Zustand des Kinderrades regelmäßig überprüfen. Dabei gilt es, nicht nur auf Beschädigungen zu achten. Es sollte immer wieder auch geprüft werden, ob Sattel und Lenker noch richtig eingestellt sind.

# Bekannte Vollsortimenter

## Die großen Fahrradhersteller

Bei den Herstellern von Freizeiträdern wie zum Beispiel Touren- oder Kinderrädern, gibt es so gut wie keine Spezialisten. Die bekannten Marken sind in der Regel Vollsortimenter, die vom Rad für die Kleinsten über Damenfahrräder bis hin zu Sportbikes alle Arten von Fahrrädern produzieren. Die wichtigsten von ihnen sind:

### Giant

**Sortiment:** Als einer der größten Fahrradhersteller weltweit bietet der taiwanesische Hersteller designorientierte Bikes in allen Produktsegmenten an: Von Kinder- und Damenfahrrädern über Mountainbikes und BMX-Räder bis hin zu hoch spezialisierten Rennmaschinen. Komponenten und Accessoires runden das Komplettangebot ab.

**Geschichte:** Das 1972 in Tachia in Taiwan gegründete Unternehmen stieg bereits Anfang der 1980er Jahre in die Produktion von Carbonrädern ein und legte so den Grundstein für den Erfolg. 1986 eröffnete man die erste europäische Niederlassung in Lelystad, Niederlande, wo man auch produziert. Das Unternehmen ist heute in fast allen Ländern Europas vertreten. Es stattete unter anderem das T-Mobile-Team aus.

**Adresse:** Giant Europe B.V., t.a.v. Drs. R.C. Kammeraat, Pascallaan 66, 8218 NJ Lelystad, NL
info@giant-europe.com
www.giant-bicycles.com

## Trek Bicycle Corporation

**Sortiment:** Der US-Hersteller ist einer der größten Fahrradproduzenten weltweit und bietet das gesamte Produktspektrum einschließlich Accessoires an. Unter dem Dach der Trek Bicycle Corporation befinden sich zahlreiche Einzelmarken wie beispielsweise Arrow, LeMond, Diamant oder Bontrager.

**Geschichte:** Trek, wie man in Bikerkreisen das Unternehmen nennt, kann zahlreiche Erfolge im Radsport aufweisen – unter anderem fuhr Lance Armstrong auf einem Trek-Bike zu seinen Tour de France-Siegen. Der Hauptsitz befindet sich in Waterloo, Wisconsin.

**Adresse:** Trek Bicycle Corporation, 801 West Madison Street, Waterloo, WI 53594, USA
consumer_help@trekbikes.com, www.trekbikes.com

## Cannondale

**Sortiment:** Das Unternehmen zählt zu den großen Fahrradherstellern Nordamerikas und bietet Fahrräder mit den passenden Accessoires in allen Produktbereichen an. Schwerpunkt sind handgefertigte Bikes.

**Geschichte:** 1971 begann der Firmengründer Joe Montgomery mit der Produktion von Fahrradanhängern – daraus erwuchs binnen weniger Jahrzehnte ein Weltunternehmen mit Niederlassungen in Europa, Asien und ganz Nordamerika. Rennspezialisten aus allen Ländern schätzen die hochwertige Verarbeitung und die erstklassigen Komponenten, die hier zum Einsatz kommen.

**Adresse:** Cannondale Bicycle Corp., 16 Trowbridge Drive, Bethel, CT 06801, USA
custserv@cannondale.com
www.cannondale.com

## Corratec

**Sortiment:** Corratec ist ein Vollanbieter, das Sortiment reicht von Mountainbikes über Rennräder bis hin zu Bikes für Triathleten. Aber auch der Durchschnittsradler findet unter City- und Trekkingrädern das richtige Bike. Dazu kommen Komponenten wie Lenker, Reifen, Schläuche, Pedale und Griffe. Für exklusivere Kundenwünsche hat das Unternehmen Carbon-Maßrahmen im Sortiment, die der Rahmenbauer Mauro Sannino für Corratec in Handarbeit herstellt.

**Geschichte:** Obwohl ein relativ junges Unternehmen, ist die IKO Sportartikel Handels GmbH mit ihrer Marke Cor-

ratec heute international tätig und sowohl im Spitzen- als auch im Breitensport vertreten. Die Unternehmensgeschichte beginnt 1989 mit der Gründung einer Fahrradschmiede im bayerischen Rosenheim. Seither ist das Unternehmen immer wieder für innovative Entwicklungen, etwa 2005 für die damals leichteste Trekkingrad-Serie der Welt, ausgezeichnet worden. Mit den Rädern wurden zahlreiche Titel gewonnen. Heute produziert das in ganz Europa aktive Unternehmen jährlich etwa 50 000 Fahrräder.

**Adresse:** IKO Sportartikel Handels GmbH, Kufsteiner Str. 72, 83064 Raubling, D info@corratec.com, www.corratec.com

## Gazelle

**Sortiment:** Dieser Vollsortimenter legt einen klaren Schwerpunkt auf Familienräder, allen voran auf Touren- und Reiseräder. Das holländische Unternehmen fertigt aber auch Offroad-Bikes mit klarem Augenmerk auf eine junge Zielgruppe.

**Geschichte:** In der über 100 Jahre langen Geschichte dieses niederländischen Traditionsunternehmens fertigte man über 12 Millionen Fahrräder. Damit ist Gazelle eine der erfolgreichsten und bekanntesten Fahrradmarken überhaupt. Die Firmengründer Rudolf Arentsen und Willem

Kölling begannen 1892 mit dem Import von Rädern aus England. 1902 gründeten sie dann ihre eigene Manufaktur unter dem Namen Gazelle. Über 100 Jahre wurde am Firmenstandort Dieren gefertigt – jetzt wird der Großteil der Jahresproduktion von über 350 000 Bikes in Fernost realisiert.

**Adresse:** Koninklijke Gazelle N.V., Wilhelminaweg 8, 6951 BP Dieren, NL info@gazelle.nl, www.gazelle.nl

## Raleigh

**Sortiment:** Das englische Traditionsunternehmen ist ein Vollsortimenter: Vom Kinderrad bis zum Kindersitz, vom Damenrad bis zum BMX-Rad reicht das Angebot.

**Geschichte:** In Europa machte das bereits 1887 gegründete Unternehmen vor allem in den 1970er Jahren mit dem Raleigh-Shopper auf sich aufmerksam: dem Bonanza-Rad. Es läutete eine neue Ära im Design von Fahrrädern ein. In den 1930er Jahren produzierte man auch motorgetriebene Kleinfahrzeuge. Heute ist Raleigh vor allem im Vereinigten Königreich einer der wichtigsten Fahrradproduzenten.

**Adresse:** Raleigh UK Ltd., Church Street, Eastwood, Nottingham NG 163HT, GB
raleigh@raleigh.co.uk, www.raleigh.co.uk

## Scott

**Sortiment:** Fahrräder sind eine der wichtigsten Produktgruppen dieses amerikanischen Sportartikelherstellers, der Bikes für alle wichtigen Fahrzwecke anbietet. Ein Schwerpunkt liegt auf besonders leichten, designorientierten Fahrrädern.

**Geschichte:** Die Erfolgsstory von Scott beginnt 1958 mit der Erfindung des Skistocks aus Aluminium. Die Radwelt wird 1989 auf Scott aufmerksam, als Greg Lemond in einem äußerst spannenden Tour de France-Finale mit nur 8 Sekunden Vorsprung siegt – und das nicht zuletzt wegen seines bis dahin unbekannten, aerodynamischen Scott-Lenkers.

**Adresse:** Scott Sports, PO Box 2030, Sun Valley, ID 83353, USA
bikesupport@scottusa.com
www.scottusa.com

## Kettler

**Sortiment:** Ob City-, Trekking- oder Mountainbike, die Modellpalette von Kettler ist breit gefächert. Auch Kinder und Jugendliche haben die Auswahl zwischen mehreren Modellen. Was für die Fahrräder gilt, gilt auch fürs Zubehör. Das Produktspektrum reicht von Kindersitzen über Taschen und Körbe sowie Montageständer bis hin zu Fahrradhaltern.

**Geschichte:** Das Unternehmen wurde 1949 von Heinz Kettler gegründet. Es erlangte 1960 dank dem Kettcar, eines Spielautos mit Pedalantrieb, große Bekanntheit. In den sechziger Jahren stieg Kettler in die Fahrradproduktion ein. Bestimmten ab 1969 zunächst noch Kinder-, Jugend- und Klappräder das Sortiment, erregte die Firma 1977 mit dem ersten Rad aus Aluminium für den Breitensport große Aufmerksamkeit. Das Kettler Alu-Rad ist bis heute Markenzeichen der Firma. Obwohl Kettler heute auf dem internationalen Markt auch über Europas Grenzen hinaus aktiv ist, vertraut das Unternehmen bis heute auf „Made in Germany". Von den 18 Werken stehen zehn, darunter auch der Stammsitz im westfälischen Ense in Deutschland.

Adresse: Heinz Kettler GmbH & Co. KG, Hauptstr. 28,
59469 Ense-Parsit, D
contact@kettler.net, www.kettler.net

## Hercules

Sortiment: Getreu dem Wahlspruch, eine Familienmarke
zu sein, ist Hercules ein Allround-Anbieter, der für jede
Altersklasse und für nahezu jeden Breitensport ein Fahrrad
im Sortiment hat. Das Produktspektrum reicht von bequemen Citybikes über Fitness- und Trekkingbikes für sportlich
Ambitionierte bis hin zu platzsparenden Klapprädern.
Räder für Kinder ab sechs Jahren und Jugendliche vervoll-
ständigen das Sortiment. Lediglich Rennräder und Moun-

tainbikes für extremes Gelände sucht man vergebens.

**Geschichte:** Hercules ist einer der traditionsreichsten deutschen Fahrradhersteller. Das Unternehmen wurde 1886 im fränkischen Nürnberg von Carl Marschütz gegründet, dem es auch seinen Namen verdankt. Denn Marschütz wurde wegen seiner hünenhaften Gestalt gern auch „Herkules" genannt. Die Firma baute früher nicht nur Fahrräder, sondern war auch für ihre Motorräder bekannt. 1999 zog der Konzern vom alten Standort Nürnberg nach Neuhof an der Zenn und konzentriert sich seitdem auf den Fahrradbau. Gefertigt werden die Bikes im ungarischen Toszeg.

**Adresse:** Hercules-Fahrrad GmbH & Co. KG, Industriestr. 32–40, 90616 Neuhof an der Zenn, D
info@hercules-bikes.de, www.hercules-bikes.de

## Orbea

**Sortiment:** Orbea ist der größte spanische Vollsortimenter und als solcher natürlich international vertreten. Neben Fahrrädern für den Breitensport produziert man erfolgreich für den Radrennsport.

Geschichte: Orbea beginnt seinen Weg im Jahr 1840 als Familienunternehmen; ab 1930 konzentriert sich das an der Biskaja ansässige Unternehmen auf die Herstellung und Entwicklung von Fahrrädern und entwickelt sich innerhalb von nur zehn Jahren mit einer Belegschaft von tausend Mitarbeitern zum führenden Unternehmen auf dem inländischen Markt. Orbea arbeitet als Kollektiv – die Mitarbeiter sind am Erfolg der über 250 000 jährlich verkauften Fahrräder beteiligt.

Adresse: Polígono I. Goitondo 48269 Mallabia, E
orbea@orbea.com, www.orbea.com

## Puky

Sortiment: Kinderfahrzeuge sind die Spezialität von Puky. Egal ob Ballonroller, Kinder- und Jugendfahrräder, Go-Carts, Dreiräder, Laufräder, Handwagen oder Zubehör: Bei Puky ist alles auf die jüngsten Konsumenten abgestimmt. Vor allem die Sicherheit kommt nicht zu kurz: Durch speziell auf Kinder abgestimmte Features wie drei Bremsen oder ein Standlicht wird dem besonderen Schutzbedürfnis der jüngsten Verkehrsteilnehmer Rechnung getragen.

Geschichte: Seit 60 Jahren produziert das deutsche Unternehmen Kinderfahrzeuge. Bis 1956 liefen die Produkte unter dem Namen PUCK vom Band. In Wülfrath hat PUKY seit 1960 seinen Sitz. Heute beschäftigt die Firma etwa 100 Mitarbeiter und produziert jährlich etwa 370 000 Fahrzeuge. Diese werden vor allem in Deutschland und der Schweiz, aber auch in Amerika und Asien vertrieben.

Adresse: Puky GmbH & Co. KG, Fortunastraße 11, 42489 Wülfrath, D
info@puky.de, www.puky.de

# Schauff

**Sortiment:** Mit seinem Angebot an Renn-, Trekking- und Mountainbikes ist Schauff ein Vollanbieter. Zusätzlich deckt das Unternehmen zwei Nischen ab: Zum einen produziert es Tandems, zum anderen Spezialmodelle für besonders kleine oder korpulente Menschen. Erstere verfügen über extrem kurze Kurbeln und einen sehr niedrigen Sattelstand, letzere sind bis zu einer Belastung von 200 Kilogramm zugelassen.

**Geschichte:** Seit 1932 werden unter dem Namen Schauff Fahrräder gebaut. Das Unternehmen mit Wurzeln in Köln siedelte später nach Remagen um. Nach dem Krieg wurden die Trends in der Fahrradwelt aufgenommen: Klappräder, High-Riser, 1977 erstmals BMX-Räder und Tandems. Anfang der 1980er folgten die ersten Mountainbikes; der Schauff Offroad-Cup 1985 war das erste Mountainbike-Rennen in Deutschland.

**Adresse:** Fahrradfabrik Schauff GmbH & Co. KG, In der Wässerscheid 56, 53424 Remagen, D info@schauff.de, www.schauff.de

## Extens S.A.S

**Sortiment:** Die französische Marke vertreibt Kinderfahrräder, Mountainbikes, Trekkingbikes, Rennräder, RTBs und Citybikes. Außerdem betätigt man sich bei BMX-Bikes, Dirtbikes und Trials.

**Geschichte:** Marke MBK. MBK, zur Yamaha-Gruppe gehörend, ist eine typisch französische Herstellermarke. Entwicklung, Produktion und Vertrieb liegen seit dem 1. Juli 2007 bei der französischen Firma Extens SAS. Ein Schwerpunkt liegt in der Teambetreuung: Jede Sparte führt erfolgreich sein eigenes Team von Triathlon über Down-Hill, X-Country, Trial und Rennen.

**Adresse:** Extens Quality Products, Z.I. de Morcourt, 02100 Saint Quentin, F extens@extens.fr, www.extens.fr

## Winora

**Sortiment:** Die Winora Staiger GmbH deckt mir ihren Marken das gesamte Spektrum an Fahrradmodellen ab. Die Produktpalette umfasst alles von City- und Trekking- über Crossfahrräder bis hin zu Klapprädern und All-Terrain-Bikes. Bei der Marke HaiBike finden BMX-Fahrer genauso ein passendes Gefährt wie Rennfahrer oder Mountain-

biker. Hier gibt es auch eine „Kids Line". Kunden, die ein exklusiveres Produkt wünschen, erhalten über die Marke Sinus individuell gefertigte Bikes. Auch Sinus deckt mit Trekking-, Comfort-, Reise- und Rennrädern eine breite Produktpalette ab.

Geschichte: Im unterfränkischen Schweinfurt produzierte der Rennfahrer Engelbert Wiener ab 1914 Fahrrad-Einzelstücke in Handarbeit. Nur vier Jahre später wurde aus der Fahrrad-Manufaktur eine Großhandlung. Mitte der

1950er Jahre wurden jährlich schon etwa 6000 Fahrräder produziert. 1988 übernahm der Stuttgarter Konzern Staiger das Unternehmen, wiederum neun Jahre später erfolgte der Anschluss an den Konzern Derby Cycle. 2002 schließlich wechselte das Unternehmen von Derby Cycle zur Accell Group. Heute vereint die Winora Gruppe mehrere Marken: Winora und Staiger als Fahrradmarken, BikeParts als Fachhandelspartner für den Fahrrad-Einzelhandel und HaiBike. Mit dieser sportlichen Marke unterstützt das Unternehmen seit 2006 ein Mountainbike-Team mit Nachwuchsfahrern.

**Adresse:**   Winora-Staiger GmbH, Max-Planck-Str. 6, 97526 Sennfeld, D info@winora.de, www.winora.de

## Peugeot

**Sortiment:** Die französische Traditionsmarke setzt heute auf ein kleines aber feines Sortiment aus Mountain-, Trekking- und Jugend-Bikes.

**Geschichte:** Zwei Räder mit unterschiedlichem Durchmesser (Vorderrad: 1,35 m, Hinterrad: 0,40 m), eine Hebelbremse und auf die Nabe des Vorderrads montierte Pedale: So sah 1882 das erste Fahrrad von Peugeot aus – der so genannte Grand-Bi. Sein Erfinder Armand Peugeot revolutionierte damit die

Geschichte des Zweirads. Nach den zwei Weltkriegen, in denen die Werkstätten beschlagnahmt und bombardiert worden waren, gestaltete sich der Neustart schwierig. Peugeot wurde umstrukturiert, um neue populäre Modelle zu entwickeln. Heute setzt die Traditionsmarke auf qualitativ hochwertige und innovative Freizeitbikes.

**Adresse:** Automobiles Peugeot, DCFP / MOES / FRC, 14/16 Bd. de Douaumont, 75017 Paris, F
info@cycles.peugeot.fr,
www.cycles.peugeot.fr

## Koga

**Sortiment:** Hochwertige, von Hand gefertigte Bikes bietet das holländische Unternehmen in den Produktbereichen Rennräder, Mountainbikes, Fitnessbikes, Trekkingräder, Reiseräder, Tourenräder und Elektrobikes an, sowie das dazu passende Zubehör.

**Geschichte:** Seit über 30 Jahren steht Koga, das sich mit Miyata zusammengeschlossen hat, für hochwertige Fahrräder. 1974 wurde das Unternehmen von Andreies Gaastra gegründet. Der Firmenname Koga setzt sich aus den Anfangsbuchstaben seiner

Frau (Kowalik) und denen seines eigenen Namens zusammen.

**Adresse:** Koga B.V., P.O. box 167, 8440 AD Heerenveen, NL
info@koga.com, www.koga.com

## Utopia

**Sortiment:** Utopia bietet Bikes für entspanntes und gemütliches Fahren mit Touren-, Falt-, Liege-, Trekking- oder Cityrädern, die individuell ausgestattet werden können. Alle Räder werden nach den persönlichen Wünschen des Kunden gefertigt. Mountainbikes oder Rennräder gehören hier jedoch nicht zum Sortiment.

**Geschichte:** Gegründet wurde das Unternehmen 1982 in Frankfurt/Main. Einen ersten großen Erfolg verbuchte man bereits 1984, als der Allgemeine Deutsche Fahrrad-Club das Modell „Möwe" zum „Fahrrad des Jahres" wählte. 1986 zog das Unternehmen von Frankfurt nach Saarbrücken um. Elf Jahre später erfolgte ein weiterer Umzug, dieses Mal in ein größeres Gebäude am Stadtrand von Saarbrücken.

**Adresse:** utopia velo GmbH, Kreisstraße 134 f, 66128 Saarbrücken, D
info@utopia-velo.de, www.utopia-velo.de

# Müsing

**Sortiment:** Müsing hat sich der Herstellung hochwertiger Fahrräder verschrieben, die individuellen Wünschen gerecht werden. Neben Rennrädern fertigt man auch Cross- und Mountainbikes. Zusammen mit Komponenten anderer Hersteller kann der Kunde sein Fahrrad individuell zusammenstellen.

**Geschichte:** Ende der 1980er Jahre begann die Produktion von Fahrrädern unter dem Namen Müsing. Die ersten Modelle waren aus Aluminium. Durch Erfolge bei Rennen

ermutigt, wurde die Produktion auf Rahmen für Mountainbikes erweitert. Seit 2001 besteht eine komplette Produktpalette, die auch Touren- und Trekkingfahrräder einschließt.

**Adresse:** Müsing GmbH, Zum Acker 1, 56244 Freirachdorf, D
info@muesing-bikes.de, www.muesing-bikes.de

## Aarios

**Sortiment:** Die Modellpalette der Schweizer Edelschmiede reicht von Tretrollern über sportliche Leichtlaufräder und Trekkingbikes bis hin zu hochwertigen Reiserädern. Die Kunden schätzen die individuellen Fahrräder mit handgefertigten Stahlrahmen vor allem, weil auch ausgefallene Designwünsche Berücksichtigung finden.

**Geschichte:** Aarios wurde 1930 als Genossenschaft von Fahrradhändlern gegründet. Bereits 1932 überführte man die Firma dann in eine AG. 1946 übernahm Franz Horlacher das Unternehmen und führte es 30 Jahre lang. Bis 1981 war die Firma in Aarau ansässig. 1982 wurde dann ein Neubau in Gretzenbach, im Kanton Solothurn, bezogen.

**Adresse:** Aarios AG, Unterer Schachen 2, 5014 Gretzenbach, CH
aarios@aarios.ch, www.aarios.ch

# Rennrad

## High Speed auf der Straße

Beim Radrennsport geht es vor allem um hohe Geschwindigkeit und eine enorme Wendigkeit. Deshalb wird ein Fahrrad benötigt, das sich durch minimalen Materialeinsatz und die richtige Technik besonders präzise fahren lässt: Die meisten Rennräder verfügen über einen etwa 50 bis 60 cm hohen Diamantrahmen, der an der klassischen Dreiecksform zu erkennen ist.

Als Material für die Rohre wird häufig Stahl verwendet, weil er preiswert ist und eine enorme Stabilität bietet. Mittlerweile werden auch Aluminium, Carbon und Titan verbaut. Diese Werkstoffe haben unterschiedliche Vor- und Nachteile und meistens einen höheren Preis. Besonders selten kommen Mischformen oder Speziallegierungen zum Einsatz.

Die Rahmen sind so konstruiert, dass sie einen großen Drehradius ermöglichen. Deshalb haben sie einen kurzen Radstand von etwa 100 cm und einen kurzen Hinterbau. Dieser macht das Rennrad besonders aerodynamisch, weil der Fahrer in einer weit nach vorn gebeugten Oberkörperhaltung fahren muss. Der Schwerpunkt des Bikes wird nach vorne verlegt, was durch den besonders hohen Sattel noch verstärkt wird. Dieser liegt im Durchschnitt 10 cm über dem Lenker, ist ungefedert, lang und besonders schmal. Diese Form verhindert vor allem das Wundreiben der Oberschenkel.

Zur Steuerung des Rennrades gibt es spezielle Bügellenker, die sehr schmal sind und verschiedene Griffpositionen erlauben. Beim Zeitfahren werden aus aerodynamischen Gründen spezielle Aufsätze verwendet, bei denen die Unterarme aufliegen und der Sportler eine weit nach vorne gebeugte Haltung annimmt. Das üblicherweise benutzte System-Pedal sorgt beim Antritt für einen sicheren Beinhalt.

Die etwa 27-Zoll großen Laufräder sind mit dünnen, durchschnittlich 20 mm breiten Schlauch- oder Drahtreifen bestückt und verfügen über relativ wenige Speichen, um einen besseren Luftwiderstand zu erreichen. Noch in den 80er Jahren wurden im Rennsport nur Schlauchreifen ein-

gesetzt, die Drahtreifen haben sich aber durch ihre besonders guten Laufleistungen und ihr geringes Gewicht durchgesetzt und überzeugen mittlerweile auch die Profis. Bei
diesen werden auch die Hochprofilfelgen immer beliebter,
die besonders steif, allerdings auch ein bisschen schwerer
sind.

Die traditionelle Indexschaltung eines Rennrades hat
zwischen 16 und 20 Gänge, die über zwei Kettenblätter mit
acht bis zehn Ritzeln gesteuert werden. Mittlerweile gibt es
aber auch Versionen, die über drei Kettenblätter und damit
über mehr Gänge verfügen. Durch schmalere Ketten, die
eine höhere Zahl von Ritzeln ermöglichen, ist zudem die
Übersetzungsvielfalt beim Rennrad deutlich gestiegen.

Aufgrund der hohen Geschwindigkeiten werden besonders kräftige Seitenzugbremsen eingesetzt, die schnell und sicher reagieren. Das ist sinnvoll, da immer mehr Radrennen auf sehr engen Straßenkursen stattfinden.

Bei den Rennrädern sind solche für den ambitionierten Breitensportler von denen für Rennprofis zu unterscheiden. Der Markt bietet ein sehr großes Spektrum an unterschiedlich teuren Bikes. Preiswerte Grundmodelle sind bereits für ein paar hundert Euro zu haben – Top-Rennräder schlagen mit bis zu mehreren tausend Euro zu Buche. Die Qualitätsunterschiede beziehen sich auf alle Bereiche – vom Material über die Technik bis hin zum Design. Beim Kauf empfiehlt sich deshalb eine fundierte Fachberatung, die vor allem auch auf die finanziellen Möglichkeiten des Käufer abgestimmt sein sollte.

Da beim Fahren oft sehr hohe Geschwindigkeiten erzielt werden, kommt dabei dem Thema Sicherheit eine herausragende Bedeutung zu. Das betrifft nicht nur die Stabilität oder die Bremssysteme: Auch hier bewegt man sich im Straßenalltag. Deshalb sollte auch auf eine straßenverkehrssichere Ausstattung geachtet werden – auch wenn das vermeintlich zu Lasten von Geschwindigkeit oder Design geht.

# Rennrad-Schmieden

## Große Namen – große Hersteller

Viele große Vollsortimenter kennt man von den berühmten Radrennen wie der Tour de France. So fahren beispielsweise die Renn-Profis vom T-Mobile Team auf Giant-Rädern. Wer ein qualitativ hochwertiges Rad für den Privatgebrauch sucht wird so vor allem auch bei den Vollsortimentern (siehe Seite 62 bis 82) fündig. Daneben allerdings gibt es kleine, aber zum Teil weltbekannte Rennrad-Schmieden:

## Cervélo

**Sortiment:** Cervélo ist ein kanadischer Hersteller von exzellenten Rennrädern, der aber auch als Offroadspezialist mit seinen Triathlon-Rädern Weltruf genießt. In der jüngeren Fahrradgeschichte machte Cervélo zudem immer wieder mit bahnbrechenden Konstruktionen auf sich aufmerksam.

**Geschichte:** Das Unternehmen wurde 1995 von Phil White und Gérard Vroomen gegründet und brachte kurz darauf den ersten Carbon-

Rahmen auf den Markt, mit unter einem Kilogramm Gewicht. Der weltweit tätige Hersteller ist Ausrüster des CSC-Rennteams und kann auf über 30 Siege beim Ironman, dem härtesten Triathlon-Rennen der Welt, verweisen.

Adresse: Cervélo Cycles Inc., 171 East Liberty Street, Toronto, On, M6C 3P6, CA
info@cervelo.com, www.cervelo.com

## Cinelli

Sortiment: Das italienische Traditions-unternehmen ist auf Rennräder spezialisiert. Es bietet nicht nur komplette Bikes an, sondern auch Rahmen und vor allem Lenker. Weitere Komponenten und Zubehör runden das Programm ab.

Geschichte: 1948 gründete der erfahrene Radprofi Cino Cinelli das Unternehmen, das im Laufe seiner Geschichte einige herausragende Innovationen im Radsport für sich verbuchen konnte. Jahrelang lieferte Cinelli beispielsweise die Rahmen für alle Top-Fahrer. Man entwickel-te dann vor allem neue Lenkerarten, aber auch die Fußclips sind Cinelli zu verdanken.

Adresse: Gruppe SPA - Div. Cinelli, Via G.Di Vittorio 21, 20090 Caleppio di Settala (MI), I
info@cinelli.it, www.cinelli.it

## De Rosa

**Sortiment:** De Rosa ist der italienische Altmeister schlechthin in Sachen Rennradrahmen und Rennräder. Heute führt er auch spezielle Damenbikes. Zum Angebot gehören zudem Accessoires.

**Geschichte:** Die Erfolgsstory von Eddy Merckx ist ohne Ugo de Rosa undenkbar. Der 1934 geborene Italiener baute die Rennräder, auf denen sich Eddy Weltruf erstrampelte. Heute wird das Unternehmen von seinen Söhnen geleitet und produziert rund 8000 Rahmen pro Jahr.

**Adresse:** Ugo De Rosa & Figli Srl, Via Bellini n. 24, 20095 Cusano Milanino, Milano, I
info@derosanews.com, www.derosanews.com

## Bruce Gordon Cycles

**Sortiment:** Handgebaute Rennräder

**Geschichte:** Bruce Gordon Cycles ist ein Einmann-Unternehmen und steht hier stellvertretend für die vielen Kleinstproduktionen, die sich rund um den Globus finden. Geführt werden sie von Enthusiasten, die auf der Suche nach dem für sie perfekten Rad sind. Doch so unbedeutend dies erscheint: Die meisten Weltfirmen haben genauso angefangen.

**Adresse:** Bruce Gordon Cycles, 409 Petaluma Boulevard South, Suite B, Petaluma, CA 94952, USA
contact@bgcycles.com
www.bgcycles.com

## Colnago

**Sortiment:** Italienischer Rennradspezialist, der vor allem die bekannten Ferrari-Räder baut.

**Geschichte:** Ernesto Colnago erzielt als Radrennfahrer in den 1950er Jahren Erfolge – und macht sich nach seiner aktiven Rennfahrerkarriere daran, eigene Bikes zu entwickeln. Seine für Ferrari gefertigten Räder gelten als besonders hochwertig.

**Adresse:** Colnago Ernesto e C. srl, Viale Brianza, 7/9, 20040 Cambiago (MI), I
info@colnago.com, www.colnago.com

## Faggin

**Sortiment:** Faggin ist italienischer Spezialist hochwertiger Rahmen. Heute umfasst das Sortiment vor allem Rahmen für Rennräder. Aber auch Nischen wie Bahnräder werden abgedeckt. Dazu kommen Modelle für Trekking- und Mountainbikes.

**Geschichte:** Direkt nach dem Zweiten Weltkrieg, im Jahr 1945, gründete Marcello Faggin im italienischen Udine eine Werkstatt für Rahmenbau. Kurz darauf zog die Firma nach Padua um. Dort ist seither die Faggin-Manufaktur beheimatet, in der jeder Rahmen individuell gearbeitet wird.

**Adresse:** FAGGIN Deutschland GmbH, Lobbericher Str.
79, 47929 Grefrath, D
info@faggin.de, www.faggin.de

# Mountainbike

### Durch Berg, Wald und Wiesen

Über ausgebaute Straßen, Feldwege oder Schotterpisten zu fahren, ist manchem Radfahrer nicht spannend genug. Er braucht einen größeren Nervenkitzel und will sich nicht von vorgefertigten Routen aufhalten lassen, sondern direkt querfeldein rasen – am besten über steile Bergpässe oder durch matschige Waldflächen. Dafür konstruierten ausgefeilte Tüftler in Amerika das Mountainbike, das seit den achtziger Jahren auch in Europa immer größere Beliebtheit erlangte.

Die Fahreigenschaften werden durch die spezielle Technik möglich. Die stolligen Ballonreifen mit einem Felgenmaß von 26 Zoll sorgen in schwierigem Gelände aufgrund ihrer enormen Breite von 40–60 mm für die nötige Bodenhaftung. Durch die Kettenschaltung mit 18 bis 27 Gängen, die über drei Kettenblätter mit sechs bis neun Ritzeln verfügt, kann der Fahrer auch schwierige Anstiege bewältigen, da er immer die passende Übersetzung wählen kann.

Für die nötige Belastbarkeit sorgt ein stabiler Rahmen, der häufig aus Aluminium und Carbon gebaut wird und im Vergleich zu anderen Radtypen fünf bis zehn cm niedriger ist. Aufgrund der gefährlichen Bergpisten, die mit den Mountainbikes befahren werden, ist die Bremskraft von entscheidender Bedeutung. Häufig werden dafür die wirkungsvollen V-Brakes benutzt, bei denen Cantilever-Sockel als Drehgelenk dienen. Auch hydraulische Scheibenbremsen werden vermehrt für diesen Radtyp eingesetzt.

Damit das Mountainbike auch in brenzligen Situationen sicher gefahren werden kann, verfügt es über einen speziellen Lenker, der sehr gerade und breit ausfällt. Für die Berg- und Geländetauglichkeit sorgen auch die angebrachten Federungssysteme. Die Federung der Vordergabel gehört zum Standard, mittlerweile verfügen viele Modelle auch über eine Hintergabelfederung.

Bei diesen sprechen Fachleute von einem Fully (Full Suspension), die andere Version wird als Hardtail bezeichnet. Vollgefederte Mountainbikes müssen aber häufiger gewartet werden. Innerhalb der Mountainbikefamilie gibt es die unterschiedlichsten Modelle, die sich für bestimmte

Fahrstile eignen. Die wichtigsten sind das Cross-Country-Mountainbike, das Tourenbike und das Downhill-Mountainbike. Daneben gibt es noch das Enduro-Mountainbike, das Four-Cross- und das Freeride-Mountainbike.

Für den Renneinsatz in weniger bergigem Gelände ist das Cross-Country-Bike am besten geeignet. Es hat ein relativ geringes Gewicht, verfügt häufig nur über eine Frontgabelfederung und ermöglicht dem Fahrer einen dyamischen Antrieb auf unbefestigten Wegen.

Das Touren-Mountainbike ist auf längere Strecken in bergigem Gelände ausgelegt. Das Gewicht des Rades spielt hier weniger eine Rolle, das Hauptaugenmerk liegt auf Sicherheit und Komfort. Der Fahrer sitzt aufrechter und das Rad hat eine bessere Haftung.

Besonders schnell ist das Downhill-Mountainbike, das auch in schwerem Gelände einfach zu fahren ist. Aufgrund der hohen Belastung verfügt es über einen stabilen Rahmen und ist deshalb schwerer als andere Modelle. Da auch die Bremskraft enorm hoch sein muss, verfügen diese Vehikel über Scheibenbremsen mit einem großen

Durchmesser. Aufgrund der Ausstattung ist dieses Mountainbike, wie der Name Downhill (bergab) es schon vermuten lässt, eigentlich nur für steile Abfahrten gedacht.

Obwohl das Mountainbike eigentlich als Sportgerät entwickelt wurde, erfreut es sich vor allem bei Jugendlichen großer Beliebtheit. Ausschlaggebend dafür sind sicherlich das sportliche Design und die Robustheit. So ist das Angebot vor allem auch an preiswerten Rädern groß. Doch gerade bei Mountainbikes für den Privatgebrauch gilt es, auf gute Materialien, eine solide Verarbeitung und vor allem auf eine straßenverkehrssichere Ausstattung zu achten.

# BMX

### Born to be Wild

Die jungen Wilden unter den Sportradfans interessieren sich nicht für Straßen- oder Bahnrennen, sondern wollen mit ihrem Gefährt spektakuläre Tricks zeigen, durch eine Halfpipe jagen oder über hügelige Pisten donnern. Dafür bevorzugen sie das BMX-Rad, das sich aufgrund seiner speziellen Bauweise nicht für einfache Radtouren eignet.

Im BMX-Sport unterscheidet man zwei Disziplinen: Race und Freestile.

Race: Hierbei handelt es sich um die Ursprungsdisziplin dieses Radtyps. Die Abkürzung BMX steht für Bicycle-Motocross und bezieht sich auf den gleichnamigen Motorradsport. Die BMX-Fans fahren abseits befestigter Straßen auf kleinen hügeligen Strecken spannende Rennen. Von dieser Variante sind vor allem Jugendliche begeistert.

Freestyle: Beim Freestyle geht es nicht um die Geschwindigkeit, sondern die Fahrer wollen möglichst viele Tricks mit ihrem Bike zeigen. Dazu werden vor allem Geschicklichkeit, ein guter Gleich-

gewichtssinn und eine Menge Mut benötigt. Wilde Sprünge, Achsendrehungen und Figuren wechseln sich ab und werden bei Wettkämpfen bewertet. Diese können auch in einer Halfpipe stattfinden.

Ein BMX-Rad hat normalerweise einen niedrigen, dafür aber besonders stabilen Rahmen und kleine 20-Zoll-Reifen mit einem breiten Stollenprofil, die eine gute Bodenhaftung bieten. Einige haben auch 24-Zoll-Reifen und werden als Cruiser bezeichnet. Die Speichenanzahl ist bei beiden Typen sehr hoch: Sie liegt zwischen 36 und 48 Stück, die drei- bis viermal gekreuzt sind.

Als besondere Eigenart gilt die niedrige Sattelposition, die daraus resultiert, dass das BMX-Rad meistens im Stehen gefahren wird. Der Sattel wird lediglich für verschiedene Tricks benötigt, bei denen er den Profis zum Abstützen dient. Im Vergleich zu normalen Rädern sind die Pedale größer und robuster, damit sie einen sicheren Stand bieten können.

Eine Schaltung haben BMX-Räder normalerweise nicht. Gebremst wird häufig mit U-Brakes, die U-förmig um das Rad greifen. Bei manchen Modellen werden auch V-Brakes angebaut. Bei einigen Profirädern verzichtet man sogar völlig auf Bremsen: Von vielen Fahrern im Freestylebereich werden die Bremshebel als störend empfunden. Sie drosseln einfach die Geschwindigkeit ihres Vehikels indem sie ihre Fußballen an die Reifen drücken.

BMX-Räder stehen bei vielen Jugendlichen hoch im Kurs. Der BMX-Sport gilt als eine der Trendsportarten – und dementsprechend kommt es bei den Rädern nicht nur auf die Technik, sondern vor allem auch auf den Coolness-Faktor an. Umso wichtiger ist es, beim Kauf auch auf Straßentauglichkeit zu achten – obwohl gerade hier viele sonst übliche Fahrradstandards wie eine Beleuchtungsanlage oder Schutzbleche als störend empfunden werden.

# Triathlon-Rad

## Räder für Hochleistungssportler

Der Triathlon ist eine der anspruchsvollsten Sportarten – und das Radfahren eine der drei zentralen Herausforderungen. Um den extremen Körperbelastungen, die mit dem Trithlon verbunden sind, optimal entgegenzuwirken, hat man ein spezielles Bike entwickelt: das Triathlon-Rad.

Diese Wettkampfmaschinen sind sehr zweckbestimmt gebaut: Sie haben einen eigenen Rahmen, der so konzipiert ist, dass der Schwerpunkt vorn auf dem aerodynamisch geformten Lenker liegt. Die Sitzposition ist weitaus höher als bei anderen Rädern.

Um die Kraftbelastung möglichst gering zu halten und dabei trotzdem für ausreichende Stabilität zu sorgen, werden die Bikes aus High-End-Materialien und -Komponenten gebaut, z.B. Carbon-Rahmen, speichenreduzierte Felgen oder auch spezielle Bremssysteme. Hochleistungssportler lassen sich ihre Bikes natürlich auf Maß anfertigen.

Dabei versteht es sich fast von allein, dass die Räder nicht für den Straßenverkehr ausgelegt sind. Und: Für diese Bikes muss man sehr tief ins Portemonnaie greifen.

# Hersteller von Offroadbikes

### GT bicycles

**Sortiment:** Die Miterfinder und Hersteller der ersten Mountainbikes zählen heute zu den Marktführern. Ein weiterer Schwerpunkt liegt auf BMX-Rädern, aber auch andere Fahrradtypen werden zum Teil unter anderen Markenbezeichnungen produziert wie z. B. Shopper-ähnliche Bikes unter dem Namen Kustom Kruiser.

**Geschichte:** GT wurde 1972 im Süden Kaliforniens von Gary Turner und Richard Long gegründet. Seit seiner Gründung bringt das Unternehmen stets Innovationen auf den Markt, wie z. B. die ersten BMX-Bikes. Einen Namen hat man sich u. a. mit einigen der fortschrittlichsten Mountain- und Straßenbikes gemacht. Weltmeister der verschiedensten Radsportarten werden von GT Bicycles unterstützt.

Adresse: GT Bicycles, 4902
Hammersley Rd., Madison, WI.
53711, USA
askus@gtbicycles.com
www.gtbicycles.com

## Cube

Sortiment: Spezialisiert ist das
deutsche Unternehmen auf erstklassige Mountainbikes. Zum Programm gehören aber auch Renn-
oder Tourenräder. Außerdem bietet
das Unternehmen zahlreiche Accessoires an.

Geschichte: Das recht junge deutsche Unternehmen entstand aus dem Bestreben heraus, die Technik von Mountainbikes weiter zu verbessern und neue Designs zu ver-
wirklichen.

Adresse: FVV GmbH & Co. KG, Ludwig-Hüttner-Str. 5,
D-95679 Waldershof, D
info@cube-bikes.de, www.cube-bikes.de

## Gary Fisher

Sortiment: Der Erfinder des Mountainbikes ist seinem
Radtyp treu geblieben und bietet keine anderen Räder an.

**Geschichte:** 1973 ist das eigentliche Gründungsjahr der Marke, die den Namen des Erfinders des Mountainbikes trägt. Damals kam er mit seinem Freund John Breeze auf die Idee, diesen Welterfolg zu entwickeln. Der 1950 geborene Amerikaner schrieb aber auch als Radsportler Geschichte, weil man ihn jahrelang wegen seiner zu langen Haare von Rennen ausschloss.

**Adresse:** Gary Fisher Mountain Bikes, 45 Mitchell Blvd., St. 17, San Rafael, CA
www.fisherbikes.com

## Specialized

**Sortiment:** Obwohl sich das amerikanische Fahrradunternehmen auf Offroad-Maschinen spezialisiert hat und dies in seinem Namen zum Ausdruck bringt, produziert man auch hochwertige Straßenräder.

**Geschichte:** Specialized kann für sich in Anspruch nehmen, Anfang der 1980er Jahre das erste Serien-Mountainbike auf den Markt gebracht zu haben. Seitdem hat man den Offroad-Bereich

ständig ausgebaut und kann eine ganze Reihe von beacht-
lichen Rennerfolgen für sich verbuchen.

Adresse: Specialized Bicycle Components, 15130 Con-
cord Circle, Morgan Hill, CA 95037, USA
store_customerservice@specialized.com,
www.specialized.com

## Centurion

Sortiment: Der deutsch-taiwanesische Spezialist für alle
Arten an Offroad-Rädern, allen voran Mountain- und Trekkingbikes.

Geschichte: 1978 wird die Firma Nowak-Radsport gegründet, die sich rasch zum Trendsetter im Bereich Moun-

tainbikes in Deutschland entwickelt. Sie übernimmt 1991 den Namen Centurion von ihrem ersten großen Erfolgsmodell. Auch das erste deutsche Trekkingrad wird von der Magstädter Firma auf den Markt gebracht. Seit 2000 kooperiert das Unternehmen mit dem bedeutenden taiwanesischen Fahrradmarke Merida.

**Adresse:** Merida Centurion Germany GmbH, Blumenstr. 49–51, D-71106 Magstadt, D
info@centurion.de, www.centurion.de

## Ghost Mountainbikes

**Sortiment:** Auch wenn der Name es anders vermuten lässt: Ghost stellt nicht nur Mountainbikes her, sondern auch andere Radtypen. Das Spektrum reicht von High-End Carbon Mountainbikes über Trekking Bikes bis hin zu Rennrädern. Dazu gesellen sich so genannte Powerkid-Modelle für Kinder zwischen drei und zwölf Jahren sowie die Miss-Serie speziell für Bikerinnen.

**Geschichte:** Ghost hat seit der Firmengründung 1993 auf Fahrräder gesetzt, die sich durch robuste, durchdachte, innovati-

ve Technik mit einem fairen Preis-Leistungs-
verhältnis auszeichnen. Qualität und Sicherheit stehen dabei an erster Stelle. Aus einer
kleinen Hinterhofschmiede in Waldsassen /
Nordbayern ist ein Global Player mit Niederlassungen in zahlreichen Ländern Europas
und in Übersee entstanden. Der Schwerpunkt liegt auf High-Tech-Bikes, die man auf
speziellen Trails auf Herz und Nieren prüft
und weiterentwickelt. Die Kunden, zu denen
auch Weltklassefahrer zählen, schätzen rich-
tungsweisende Rahmentechnologien, perfekte Geometrien, innovatives Design und ein
kompromissloses Qualitätsdenken.

**Adresse:** Ghost Mountainbikes GmbH,
Klärwerkstraße 5, 95652 Waldsassen, D
info@ghost-bikes.de, www.ghost-bikes.de

## Felt

**Sortiment:** Felt setzt mit seiner Produktpalette auf sportlich ambitionierte Radler. Die
große Auswahl an Mountainbikes, Cross-
und Rennrädern, BMX sowie Velos für Triathleten oder Zeitfahrer lässt kaum Wünsche
offen. Wer es lieber entspannt möchte, hat bei
Felt die Auswahl zwischen verschiedenen
stylischen Cruisern, die auch für Kinder
angeboten werden.

**Geschichte:** Firmengründer Jim Felt, selbst leidenschaftlicher Hobby-Triathlet, konstruierte 1991 seine ersten Rahmen für die Profis der Szene. So unterstützte er die achtmalige Ironman-Siegerin Paula Newby-Fraser aus den USA. Felt hat seitdem die Marke immer weiter ausgebaut. Heute hat die internationale Vertriebszentrale des Unternehmens ihren Sitz in Deutschland.

**Adresse:** Felt Deutschland GmbH, Industriestr. 39, 26188 Edewecht, D info@felt.de, www.felt.de

## Canyon Bicycles

**Sortiment:** Der deutsche Hersteller bietet designorientierte Bikes aus den Bereichen Rennrad und Mountainbike. Er ist vor allem aber ein anerkannter Produzent von Triathlon-Rädern. Zum Portfolio gehören außerdem Designaccessoires wie Brillen, Schuhe oder Shirts.

**Geschichte:** Das Unternehmen wurde 1985 zunächst unter anderem Namen von dem Fahrradhändler Roman Arnold gegründet. Seit 2003 fungiert es unter seinem heutigen Namen am Markt und setzt vor allem auf den Direktvertrieb per Internet.

**Adresse:** Canyon Bicycles GmbH, Koblenzer Straße 236, 56073 Koblenz, D
info@canyon.com, www.canyon.com

## Storck

**Sortiment:** Storck führt neben Renn- und Trekkingrädern auch Mountainbikes. Die Modellpolitik ist darauf ausgerichtet, innovative, dennoch zeitlose und dabei extrem leichte Bikes herzustellen: Anstatt oft neue Räder auf den Markt zu bringen, werden alte Modelle kontinuierlich weiterentwickelt.

**Geschichte:** 1986, lange bevor er die Marke Storck auf den Markt brachte, machte sich Firmengründer Markus Storck mit der Entwicklung hochwertiger Fahrräder und Zubehörteile selbstständig. Seit 1995 sind alle Komponenten unter dem Namen Storck Bicycles erhältlich. 1996 holte der Niederländer Bart Brentjens auf einem modifizierten Storck-Rad bei den Olympischen Sommerspielen in Atlanta die Goldmedaille im Mountainbike-Wettbewerb.

**Adresse:** Storck Bicycle GmbH, Carl-Zeiss-Str. 4, 65520 Bad Camberg, D
info@storck-bicycle.de
www.storck-bicycles.de

# Bergwerk

**Sortiment:** Bergwerk setzt mit einer breiten Auswahl an Cross-Country-, Trekking- und Enduro-Fahrrädern ganz auf Fahrer, die sich abseits der Straßen im Gelände bewegen wollen. Ergänzt wird die Produktpalette durch Mountainbikes und ein ebenfalls für Fahrten im Gelände ausgelegtes Offroad-Tandem. Zudem gibt es speziell auf die Bedürfnisse weiblicher Fahrerinnen abgestimmte Offroad-Fahrräder.

**Geschichte:** 1998 startete die Schwarzwälder Fahrrad-Manufaktur ihre Produktion. Nachdem das Unternehmen zwischenzeitlich den Weg in die Insolvenz gehen musste, ist es seit 2005 wieder am Markt aktiv. Schwerpunkt des Händler- und Vertriebsnetzes ist der deutschsprachige Raum.

**Kontakt:** Bergwerk Cycles GmbH, Im Altgefäll 21, 75181 Pforzheim, D
info@bergwerk-cycles.de
www.bergwerk-cycles.de

# Bahnrad

# Bikes ohne Bremsen

Protziges Zubehör sucht man hier vergebens: Bei Bahnrädern ist alles allein auf Geschwindigkeit ausgelegt. Besondere Bedeutung hat die Wendigkeit, die durch den kurzen Radstand von unter 95 cm und einen steilen Steuerwinkel von über 74 Grad erreicht wird.

Um die Gefahr eines Sturzes zu verringern, hat das Bahnrad einen starren Gang und somit keinen Freilauf. Der Fahrer muss durchgehend in die Pedale treten, bekommt dadurch aber zusätzliche Stabilität. Es gibt es auch keine Schaltung, die bei diesem Sport nur für Reibungsverluste sorgen würde. Kette, Ritzel und das Kettenblatt sind sowieso auf einen perfekten Antritt ausgelegt.

Da es beim Bahnrennen um Schnelligkeit geht, wird auch auf spezielle Bremssysteme verzichtet. Die Reduzierung der Geschwindigkeit ist aufgrund des starren Gangs durch das „Abkontern", also leichtes Gegentreten nur mit Muskelkraft, möglich.

Um nicht mit einem langsameren Konkurrenten zu kollidieren, weichen Bahnrennfahrer einfach aus. Die stabilen 27-Zoll-Schlauchreifen sind deshalb besonders griffig und leichtlaufend.

# Einrad

### Artistik auf einem Rad

Man sieht sie im Zirkus, in Akrobatikshows und manchmal sogar auf der Straße: die Einräder. Sie sind kein reines Fortbewegungsmittel, sondern zuallererst kultiges Sportgerät.

Für den Neuling gestaltet sich schon das Aufsteigen äußerst schwierig, denn es gibt keinen Lenker und man sitzt auf einem Bananensattel direkt über dem Antriebsrad mit den Pedalen. Da man keinen wirklichen Halt hat, müssen sich Anfänger durchgehend in Bewegung befinden. Der wichtigste Trick ist das Pendeln. Durch leichtes Vor- und Zurücktreten der Pedale kann das Einrad an einem Punkt gehalten werden. Profis können durch ihre Balance mit dem Einrad auf der Stelle stehen. Schon bei einer geringen Geschwindigkeit wird das Fahren etwas einfacher, da die Fliehkraft für seitliche Stabilität sorgt.

Aufgrund unterschiedlicher Pedalentritte dreht sich das Einrad bei jeder Bewegung etwas zur Seite. Die Bremswirkung entsteht durch leichtes Treten entgegen der normalen Drehrichtung der Pedale. Den sonst üblichen Freilauf des Fahrrades gibt es hier nicht.

Über Erfolg und Misserfolg entscheidet auch die Wahl des richtigen Modells. Für Einsteiger empfiehlt sich ein 20 Zoll großes Einrad. Durch die geringe Größe fällt es leichter, sich an die neuen Vorraussetzungen zu gewöhnen und den richtigen Gleichgewichtssinn zu entwickeln. Daneben gibt es zahlreiche weitere Größen: Vom Miniatureinrad mit einem Raddurchmesser von 12 Zoll bis zu speziellen Rädern mit 50 Zoll Raddurchmesser.

Mit den kleinen Einrädern ist der Fahrer wendiger, dadurch sind auch viele Tricks leichter. Die großen Versionen laufen dafür um einiges ruhiger und sind dementsprechend schneller. Für die fortgeschrittenen Fahrer bietet der Markt zudem einige Besonderheiten: Sie zeigen ihr Können auf dem Ultimate-Wheel, an dem kein Sattel montiert ist, oder rasen mit dem Mountain-Unicycle (Muni), das etwas robuster gebaut wird und einen breiten Stollenreifen hat, über Bergpisten und durch sperriges Gebiet.

Routinierte Einradfahrer durchfahren dabei selbst schwierige Pisten mühelos und bewegen sich mit ihrem Gefährt genauso sicher wie andere Fahrradfahrer. Deshalb wird dieser spezielle Radtyp auch für verschiedene Sportarten genutzt. Es gibt Hockey- und Basketballversionen, aber auch eine eigene Renndisziplin: das Mannschaftseinradfahren. Hierbei müssen vier bis sechs Einradfahrer verschiedene Figuren auf einem vorgegebenen Feld präsentieren.

# Faltrad

## Mobiles Fahrradvergnügen

Einst waren Sie das oft belächelte Vehikel von Freizeitcampern – heute sind sie kleine Kultobjekte: Falträder. Aus dem wenig attraktiven Klapprad der 60er und 70er Jahre sind Hightech-Bikes erwachsen, mit denen selbst Manager stilvoll im Büro vorfahren können.

Schon Ende des 19. Jahrhunderts gab es erste Bemühungen, das Fahrrad transportfähig zu machen. Das erste Patent ließ sich der Brite William Grout im Jahr 1878 ausstellen.

Die Bikes von heute unterscheiden sich in der Art, wie sie auseinander gebaut werden: Klassisch dient ein Scharnier in der Mitte des Rahmens, um das Rad einfach in zwei Teilen zusammenzuklappen. Es gibt auch Versionen, die man am mittleren Rahmen ganz auseinander bauen kann und solche, bei denen man einzelne Teile des Rades zusammenschiebt. Zudem werden bei manchen Modellen verschiedene Mechanismen kombiniert.

Entscheidend ist neben den technischen Raffinessen, die ein komfortables und sicheres Radeln ermöglichen, auch das Gewicht. Hier greift man heute zu sehr leichten Materialien, in den spezialisierten Schmieden von Edel-Falträdern auch zu teurem Carbon. So zerfällt der Markt in einfache und damit recht preiswerte Räder und Nobel-Bikes, die zudem im Design überzeugen.

# Trend-Bikes

## Coole Bikes für coole Leute

Fahrräder sind mehr als Fortbewegungsmittel – sie sind auch Ausdruck einer Lebensphilosophie. Zeig mir dein Bike, und ich sage dir, wer du bist. So könnte der Wahlspruch einer bestimmten Szene lauten, für die Fahrräder auch Ausdruck ihrer Persönlichkeit sind.

Wer cool ist, heizt nicht mit Rennmaschinen über den Asphalt oder turnt mit BMX-Rädern durchs Gelände: Er cruist – und fällt auf. Denn die entsprechenden Cruiser-Bikes präsentieren sich mit einem langgezogenen, bogenförmigen Rahmen und einem extrem breiten Lenker. Die Shopper für den Pedalantrieb verzichten auf technische Finessen. Sie haben meistens nicht einmal eine Gangschaltung – und wenn, dann sind drei Gänge das Höchstmaß der Gefühle. Und natürlich sucht man hier eine verkehrstaugliche Ausstattung mit Beleuchtunganlage vergeblich.

Während diese Bikes einen eigenständigen Fahrradtyp darstellen, sind andere Trendfahrräder eher eine schicke Verpackung für Altbewährtes. Die so genannten Fitnessbikes beispielsweise sind im Grunde nur Tourenräder mit einem sportlichem Outfit.

# Tandem

## Der Fahrradspaß zu Zweit

Allein zu fahren liebe ich sehr, zu zweit zu fahren noch viel
mehr. Wer so denkt, der ist auf einem Tandem richtig aufgehoben. Und das schon seit mehr als hundert Jahren:

Bereits Anfang des 20. Jahrhunderts gab es ein Tandem, das mit denen der heutigen Zeit vergleichbar war: das Stearns-Tandem. Es war mit zwei hintereinander angeordneten Sätteln und einem gemeinschaftlichen Antrieb ähnlich aufgebaut wie die heutigen Vertreter dieses Fahrradtyps.

Aus dieser Zeit stammt auch der Name: Er bezeichnet nämlich urspünglich eine Kutsche, die von zwei hintereinander eingespannten Pferden gezogen wird. Weitere historische Bezeichnungen für das Tandem sind Sociable, Compagnon- oder auch Zwillingsrad.

Im Prinzip ist dieses Bike dem normalen Fahrrad sehr ähnlich. Abgesehen davon, dass es über einen speziellen Fahrradrahmen verfügt, an dem zwei Sitzrohre und zwei Tretlager befestigt sind, die miteinander in Verbindung stehen.

Tandemfahren ist allerdings gar nicht so einfach. Die Zusammenarbeit zwischen dem vorne sitzenden Steuermann, der auch als Captain bezeichnet wird, und dem

Hintermann, dem so genannten Stoker, muss eingespielt sein. Die Fahrt bei hohen Geschwindigkeiten, das Bremsen und auch das Lenken wirken sich auf das Tandem anders aus als auf ein normales Fahrrad und gestalten sich deshalb vor allem anfangs schwieriger.

Die Steuerung des Rades übernimmt der Captain, da er über die bessere Sicht verfügt. Um die Schaltung kümmert sich aufgrund der Nähe zur Schaltposition eher der Stoker. Da der Hintermann im Windschatten sitzt, hat das Tandem durchaus die doppelte Power. Auch längere Touren sind kein Problem, da die Leistungsunterschiede zwischen den beiden Radfahrern ausgeglichen werden.

Die Fahrt muss dabei nicht unbedingt zu Hause beginnen. Da es schwierig ist, das Standardtandem mit der Bahn oder einem PKW zu transportieren, gibt es mittlerweile auch Faltversionen. Sie lassen sich mit wenigen Handgriffen in zwei leicht verstaubare Teile zerlegen.

Wer sich für ein Tandem interessiert, findet heute eine breite Auswahl an sehr unterschiedlichen Modellen – den richtigen Fachhändler vorausgesetzt. Unter ihnen findet man auch solche, die sich komplett auf diesen Fahrradtyp spezialisiert haben.

# Liegerad

## Bequem unterwegs

Eigentlich sind sich die meisten Fahrräder in der Konstruktion und dem Fahrverhalten sehr ähnlich. Auf der Straße sieht man allerdings auch Versionen, die so gar nicht in das normale Bild passen: Die Fahrer sitzen nicht auf einem Sattel, sondern liegen in einer speziellen Sitzschale.

Durch die relativ niedrige Rahmenkonstruktion dieses Bikes befindet sich der Fahrer nah am Boden. Deshalb tritt er nicht senkrecht in die Pedale, sondern bringt es aus einer horizontalen Position in Bewegung.

Beim so genannten Bauchlieger befindet sich die Tretkurbel hinter dem Fahrzeug. Der Bauch wird als Auflagefläche verwendet und das Bein tritt nach hinten in die Pedale. Diese Modelle sind allerdings eher selten. Die meisten Liegeräder sind als Rückenlieger konstruiert und verfügen über eine nach vorne verlegte Tretkurbel. Hier liegt oder sitzt der Fahrer in seiner Schale und bewegt das Bike mit dem normalen Beintritt.

Ein weiteres Unterscheidungskriterium ist die Länge. Beim langen Liegerad befindet sich das Vorderrad vor der

Tretkurbel, es hat einen Radstand von ungefähr 165 bis 180 cm und ermöglicht deshalb eine entspannte Haltung und einen ruhigen Geradeauslauf. Das kurze Liegerad verfügt über ein Vorderrad, das zwischen der Tretkurbel und dem Sitz liegt. Es hat einen Radstand von etwa 100 cm und ist daher sehr agil, vor allem bei Kurven. Allerdings ist das Fahrverhalten eher gewöhnungsbedürftig und spontane Bremsmanöver sind schwieriger.

Auch die Lenkung ist je nach Modell verschieden. Es gibt eine normale Lenkerversion, wie beim Standardfahrrad. Bei anderen Liegerädern wird indirekt gelenkt: Die Bewegung des Lenkers wird über Gestänge, Seile oder Ketten auf das Vorderrad übertragen. Je nach Liegeradtyp sind die Laufräder unterschiedlich groß. In den meisten Fällen ist das Vorderrad allerdings etwas kleiner. Dies ist von Vorteil, da es größere Belastungen aushalten muss.

# Spezialräder

## Fahrräder für besondere Fälle

Diese Bikes sind die Räder für besondere Fälle, z. B. im
Berufsalltag. Ob Briefträger oder Brötchenlieferant – sie
benötigen kleine Lastentaxis für ihren Fahrradjob. Die entsprechenden Bikes verfügen über einen verstärkten Rah-

men und spezielle Aufbauten, die die Arbeit erleichtern. Viele Unternehmen, die solche Spezialräder benötigen, lassen sie sogar individuell auf ihre Bedürfnisse hin anfertigen.

Apropos Taxis: Natürlich gehören auch die Rikschas, die Fahrradtaxis, in diese Kategorie. Sie gibt es nicht nur im fernen Osten, sondern auch, nicht selten schick gestylt, in modernen Metropolen.

Eine weitere Untergruppe dieses Fahrradtyps sind die Räder, die für Menschen mit körperlichen Handicaps gebaut werden. Wie vielseitig und technisch ausgereift diese Bikes sind, zeigt sich allein schon bei den Paralympics, wo eine Vielzahl von Radsport-Wettkämpfen ausgetragen wird. Das Spektrum reicht von Bikes mit drei Rädern, die das Balancehalten ersparen, bis hin zu Rädern für Querschnittsgelähmte, die mit Hand-„Pedalen" angetrieben werden.

Nicht zu vergessen sind all die ausgefallenen Konstruktionen, die Radbegeisterte erfinden. Das Spektrum reicht von Eigenbau-Einzelrädern bis hin zu Serienfahrzeugen, beispielsweise mit drei Rädern. Last but not least sind in diesem Zusammenhang auch all die verschiedenen Anhänger zu nennen, die Tüftler an das Bike montieren.

# Hersteller von Bike-Exoten

## Spezialisten für besondere Räder

Ob Kunst- oder Einrad, Falt- oder Liegerad: Für eine ganze Reihe auch bekannterer Marktsegmente wie beispielsweise die Tandems, gibt es eine Vielzahl von spezialisierten Unternehmen. Meist wurden sie von ehemaligen Sportlern gegründet. Zwar finden sich auch bei den Vollsortimentern vereinzelt Spezialräder – zum Beispiel Falträder oder Tandems – die meisten Bikes dieses Typs werden aber von kleinen Schmieden in Handarbeit gefertigt.

# Flux

**Sortiment:** Flux stellt ausschließlich Liegeräder her. Wer denkt, dass es dabei keine Unterschiede gibt, liegt falsch: Auch hier reicht die Palette von Tourenrädern, mit denen es sich entspannt radwandern lässt, über Reiseräder für lange Strecken bis hin zum Liegerad für sportlich Ambitionierte – nur eben eine Etage tiefer als gewöhnlich.

**Geschichte:** Das junge deutsche Unternehmen entstand aus dem Bemühen, Liegeräder aus der Komfortecke herauszuholen und für sportliche Fahrer attraktiver zu machen.

**Adresse:** Flux Fahrräder Handels-GmbH, Kreuzbreitlstr. 8, 82194 Gröbenzell, D
info@flux-fahrraeder.de, www.flux-fahrraeder.de

# Hase Spezialräder

**Sortiment:** Hase ist ein Spezialist für Trikes, Liege- und Sitzräder sowie Tandems. Dabei setzt der Hersteller auf Flexibilität – etwa beim faltbaren Liegedreirad Lepus – und mit Ein- und Zweisitzern auch auf Vielseitigkeit. Alle Hase Produkte werden in Handarbeit in der Manufaktur im westfälischen Waltrop gefertigt. Eine Besonderheit im Sortiment sind die Produkte für den Rehabilitations-Bereich, etwa Handbikes für Rollstuhlfahrer.

Geschichte: Seit 1994, als Hase Spezialräder gegründet wurde, hat sich die Firma von einem Zwei-Mann-Betrieb, der im Hinterhof Fahrräder baute, zu einem weltweit operierenden Hersteller für Spezialfahrräder entwickelt. Derzeit sind Räder von Hase außer in zahlreichen europäischen Ländern auch in Japan, Kanada, den USA und Neuseeland erhältlich.

Adresse: Hase Spezialräder, Hiberniastraße 2, 45731 Waltrop, D
info@hasebikes.com, www.hasebikes.com

## Bike Friday Europe

Sortiment: Das Unternehmen ist ein absoluter Spezialist für Falträder. Die Produktpalette umfasst faltbare Reiseräder, Rennräder und Tandems, die sich auch in einem konventionellen Reisekoffer verstauen lassen. Im Angebot ist auch ein Tandem, das man zum Solorad umbauen kann.

Geschichte: Die Brüder Hans und Alan Scholz gründeten 1992 die Firma Green Gear mit Sitz in Eugene im US-Bundesstaat Oregon mit dem Produkt Bike Friday. Zielsetzung war es, ein Rad zu erfinden, welches dem Menschen als verlässlicher und zu ihm passender Rei-

segefährte zur Seite stehen soll – ange-
lehnt an den Roman Robinson Crusoe,
in dem Robinson in Freitag (Friday)
einen Gefährten findet, der mit ihm
durch dick und dünn geht.

**Adresse:** Bike Friday Europe, Kirch-
zartener Str. 25, 79117 Freiburg, D
info@bikefriday.de, www.bikefriday.de

## R-M Riese & Müller

**Sortiment:** Vollgefederte Fahrräder
sind die Spezialität des Unternehmens.
Der Klassiker ist das Faltrad Birdy, das
gleichzeitig das erste Modell von r-m
war. Heute umfasst die Produktpalette
Sport- und Stadträder sowie Bikes für
ausgedehnte Touren.

Ein Topseller sind auch Ohren-
schützer aus Fleece, die so genannten
Hot Ears, die unter dem Fahrradhelm
für ein angenehmes Kopfklima sorgen.

**Geschichte:** Die Idee zu einem voll-
gefederten Faltrad hatte Markus Riese,
einer der Firmengründer, bereits im
Jahr 1992. Bis der erste Prototyp fertig-
gestellt war, dauerte es ein Jahr, bis die

erste Lieferung von 250 Stück eintraf, weitere zwei Jahre. Das Faltrad war so erfolgreich, dass neue Modelle entwickelt werden konnten. Im Jahr 2003 feierte die Firma ihr zehnjähriges Firmenjubiläum.

**Adresse:** riese und müller GmbH, Haasstraße 6, 64293 Darmstadt, D
team@r-m.de,
www.r-m.de

## Star Bicycle

**Sortiment:** Kunst- und Radballräder, die man sich auch individuell zusammenstellen lassen kann, sind das Spezialgebiet von Star Bicycle.

**Geschichte:** Der Hersteller hat sich durch eine Aluminiumkonstruktion mit einem markanten Rahmen einen Namen in der Kunstradszene gemacht. Bei der Entwicklung der neuen Räder konnte Firmengründer José Arellano seine Erfahrungen als aktiver Weltklassefahrer einbringen.

**Adresse:** José Arellano Indoor Cycling, Steigersbrünnle 21, 74632 Neuenstein, D
info@jose-arellano.de, www.starbicycle.com

# Räder mit Zusatzantrieb

## Kräftige Radel-Helfer

Bei manchen Menschen reicht die Muskelkraft allein nicht aus, um ein Fahrrad zu steuern. Deshalb sind auf den Straßen zunehmend Elektroräder zu sehen, die über einen verstärkenden Antrieb verfügen und trotzdem absolut alltagstauglich sind.

Diese Fahrräder mit Zusatzantrieb werden als Pedelec (Pedal Electric Cycle) oder EPAC (Electric Power Assisted Cycle) bezeichnet. Sie funktionieren mit einer limitierten oder unlimitierten Tretunterstützung: Der Hilfsmotor springt sofort an, wenn der Fahrer seine Pedale bedient und ist dabei absolut lautlos.

Gesteuert wird dieser Prozess entweder über einen Kraftsensor, der die Pedalbewegung erkennt, oder über einen Initiator, der die Drehbewegung der Kurbel erfasst. Bei beiden Versionen gibt es einen weiteren Sensor, der die Pedaltritte ermittelt und hieraus die zusätzlich benötigte Hilfe errechnet.

Die Energie kommt aus einem eingebauten Akku, der allerdings nur wenige Stunden hält und dann wieder aufgeladen werden muss. Der Antrieb funktioniert entweder über einen Radnaben-Motor, der in eine Felge eingebaut ist, oder durch ein System, dessen Kraft über ein Getriebe, die Kette oder einen Zahnriemen abgegeben wird.

Die limitierte Tretunterstützung funktioniert nur bis zu einer Geschwindigkeit von 25 Stundenkilometern, die nach EU-Regeln als Höchstgrenze gilt. Die anderen Modelle schalten sich hingegen nicht automatisch ab. Für sie benötigt man in vielen Ländern eine spezielle Genehmigung.

Ähnlich ist es bei elektronischen Fahrrädern, die einen tretunabhängigen Zusatzantrieb haben. Diese werden als E-Bikes oder E-Scooter bezeichnet. Bei diesen Modellen kann die Motorleistung zusätzlich über einen Drehgriff geregelt werden und ist damit nicht unbedingt von der eigenen Trittfrequenz abhängig.

# Komponenten & Zubehör

## Vom Einzelteil zum Komplettrad

Kein Fahrradhersteller produziert alle Teile seiner Räder selbst. Auch große Markenhersteller, die mit einer Vielzahl eigener, unverwechselbarer Modelle am Markt vertreten sind, kaufen den Großteil der über 1000 Teile zu, aus denen ein Fahrrad normalerweise besteht: Von den Schrauben über die Lichtanlage bis hin zu Schaltung und Bremsen.

Bei den radspezifischen Einzelteilen wie beispielsweise den Bremssystemen, den Fahrradreifen oder auch den Gangschaltungen gibt es weltweit nur einige wenige Hersteller, die sich ausschließlich auf diese so genannten Komponenten spezialisiert haben.

Das bekannteste Beispiel dafür ist Shimano: Die meisten Räder, die rund um den Globus verkauft werden, sind mit einer Baugruppe dieses japanischen Herstellers ausgerüstet. Viele Experten vergleichen die Marktstellung von Shimano mit der von Microsoft im Softwarebereich.

Das Beispiel zeigt die hohe Bedeutung der Komponenten und ihrer Hersteller für die Fahrradindustrie – aber auch für die Fahrradfahrer: Denn die Vertriebsnetze der großen Komponentenkonzerne sichern zugleich die weltweite Ersatzteilversorgung.

Die Hersteller von Fahrrädern über einen Kamm zu scheren, weil sie alle die gleichen Komponenten verbauen, greift allerdings viel zu kurz: Zum einen fertigen viele von ihnen wichtige Teile wie beispielsweise die Rahmen selbst, zum anderen kommt es sowohl auf die richtige Kombination als auch auf die Verarbeitung der Komponenten an. Und: In viele Bikes fließen Eigenentwicklungen ein, die das Rad deutlich von anderen unterscheiden.

Was für die Komponenten gilt, trifft auch auf den Zubehörmarkt zu: Ob Fahrradcomputer oder Zusatzleuchten, Bekleidung oder Helme – auch hier werden die meisten Standardteile nur von wenigen, weltweit tätigen Herstellern gefertigt. Allerdings ist hier der Anteil an kleinen Herstellern, die nur lokale Märkte bedienen, größer. Das führt zu mehr Auswahl und zu mehr Wettbewerb.

# Komponenten-Hersteller

### Shimano

**Sortiment:** Das Unternehmen ist der weltweit führende Hersteller von Komponenten. Ob für Profi-Rennräder, Offroad-Maschinen oder Freizeiträder – Shimano bietet Schaltwerke, Zahnkränze, Kurbeln, Lager oder Bremsen in verschiedenen Qualitäten an.

**Geschichte:** Der Welterfolg geht auf Shozaburo Shimano zurück, der 1921 seine erste Freilaufnabe im japanischen Sakai produzierte. Bereits zehn Jahre später exportiert man die ersten Folgeprodukte, bereits in den 60er Jahren ist man dann schon weltweit tätig. In der Fahrradtechnik setzt Shimano mit den ersten komplett aufeinander abgestimmten Baugruppen und bahnbrechenden Innovationen wie dem indexierten Schalten Maßstäbe. Neben den Fahrradprodukten ist Shimano auch im Angel-, Golf- und Wintersportbereich aktiv.

**Adresse:** Deutscher Import: Paul Lange & Co., Hofener Straße 114, 70372 Stuttgart, D
info@paul-lange.de, www.paul-lange.de

## SRAM

**Sortiment:** SRAM gehört zu den weltweit führenden Anbietern von Baugruppen, Dämpfern und anderen Komponenten.

**Geschichte:** In der jungen, gerade einmal 20-jährigen Geschichte hat sich das in Chicago mit sechs Mitarbeitern gegründete Unternehmen zu einem Global-Player mit über 2500 Beschäftigten aufgeschwungen. Der Erfolg kam mit dem GripShift-Drehgriff für die Gangschaltung. Zum Unternehmen gehören auch die legendären Marken Fichtel & Sachs, die mit der Torpedo-Dreigangschaltung Radgeschichte schrieben. Auch Rockshox, Avid und Truvativ gehören zur Gruppe.

**Adresse:** SRAM Corporation, 1333 N. Kingsbury, Chicago, IL 60622, USA
www.sram.com

## Campagnolo

**Sortiment:** Campagnolo ist neben Shimano und R-M der dritte weltweit wichtige Hersteller von Komponenten, allen voran von Baugruppen.

**Geschichte:** Das bereits 1933 von Tullio Campagnolo im italienischen Vicenza gegründete Unternehmen setzte Meilensteine in der Radgeschichte – z. B. mit dem ersten Schnellspanner oder der legendären Gestängeschaltung. Campa, wie die Profis den Hersteller nennen, hat sich heute ausschließlich auf die Entwicklung von Rennrad-Komponenten spezialisiert.

**Adresse:** Campagnolo S.P.A., Via della Chimica, 4, 36100 VICENZA, I
info@campagnolo.com, www.campagnolo.com

## Nöll

**Sortiment:** Nöll hat sich auf die Herstellung von Stahlrohrrahmen spezialisiert. Dabei gehen Tradition und Hightech Hand in Hand. Klassische Handarbeit ergänzt moderne Fertigungsmethoden wie Laserschneiden. Das Sortiment umfasst Rahmen für Renn- und Reiseräder, aber auch für Mountainbikes.

**Geschichte:** Nöll ist ein relativ junges Unternehmen. Es wurde Anfang der 1980er Jahre von Achim Nöll gegründet. Ausgangspunkt des Firmengründers war, dass Fahrradrahmen aus Aluminium brachen. Deshalb entschied man sich für Stahl als Grundmaterial. Dank vieler Erfahrungen von Rennfah-

rern, Weiterentwicklungen bei Löttechnik und Materialien sowie individueller Anpassung der Rahmen an den Fahrer sind manche Rahmen, die Anfang der 90er Jahre gefertigt wurden, heute noch im Einsatz.

**Adresse:** Nöll Fahrradbau, Fischerweg 6, 36041 Fulda / Kämmerzell, D info@noell-fahrradbau.de www.noell-fahrradbau.de

## Selle Royal

**Sortiment:** Sättel aller Art vom klassischen Ledersattel bis hin zum modernen Gelsattel sind die Spezialität des italienischen Unternehmens. Heute gehören verschiedene Marken zur Unternehmensgruppe, darunter auch das englische Traditionsunternehmen Brooks.

**Geschichte:** Der Vorsitzende der Firmengruppe, Riccardo Bigolin, gründete das Unternehmen 1956. Die Firmengeschichte ist geprägt durch radikale Innovationen und ein typisches Design: Gewachsen von einer kleinen Werkstatt zu einer großen industriellen Fertigung, die heute eine Führungsposition in der

Produktion von Fahrradsätteln in der ganzen Welt einnimmt. Seitdem hat man auch die Marken Lookin und Fizik gegründet. Seit 2002 gehört auch die Traditionsmarke Brooks mit seinen einzigartigen, hochwertigen Kernledersätteln zu Selle Royal. Heute fertigt die Unternehmensgruppe jährlich über acht Millionen Sättel. Einen Meilenstein stellte die Anfang der 1990er eingeführte Polsterung mit Gel dar. Die neueste Entwicklung sind Sättel mit einer kühlenden Decke und einem Ventilationskanal.

Adresse: Selle Royal S.p.a, Via Vittorio Emanuele 141, 36050 Pozzoleone (Vicenza), I
mail@selleroyal.com
www. selleroyal.com

## Bio-Racer

Sortiment: Bio-Racer ist ein Spezialist für hochwertige, innovative Fahrradbekleidung, vor allem im Hochleistungsbereich. Kernsortiment sind Rennanzüge aus Spezialmaterial.

Geschichte: 1984 beginnt Raymond Vanstraelen, seine Erfahrungen als Rennfahrer und Begleiter von Top-Rennfahrern sowie seine technischen Kenntnisse in eine neue Generation von Radsportkleidung umzuset-

zen. Er schneidert den Fahrerinnen und Fahrern ihre Kleidung aerodynamisch auf den Leib. Bio-Racer, eine Zusammenführung von „Biomechanik" und „Racer" erblickt das Licht der Welt. Später kommen dann in Zusammenarbeit mit einem Schweizer Textilfabrikanten ganze Kollektionen auf den Markt. Das Unternehmen selbst begreift sich dabei vor allem als Innovationsschmiede.

**Adresse:** Bio-Racer Cycling Fashion, Ravenshout Z 5.2.50, Industrieweg 114, 3980 Tessenderlo, B info@bioracer.com, www.bioracer.com

## Schwalbe

**Sortiment:** Fahrradreifen und -schläuche.

**Geschichte:** Schwalbe entsteht 1973, als das bereits 1901 gegründete Traditionshaus Bohle in Korea den Swallow-Reifen produzieren lässt und für Europa einen zugkräftigen Namen sucht. Heute bietet Schwalbe 1700 verschiedene Reifen und Schläuche an, nicht nur für Fahrräder, sondern auch für Rollstühle, Scooter oder die Industrie.

**Adresse:** Ralf Bohle GmbH, Otto-Hahn-Str. 1, D-51580 Reichshof, D info@schwalbe.de, www.schwalbe.de

# Continental

Sortiment: Continental stellt nicht nur Autoreifen, sondern auch Fahrradreifen für alle gängigen Modelle her.

Geschichte: Continental zählt mit seinem breiten Sorti-

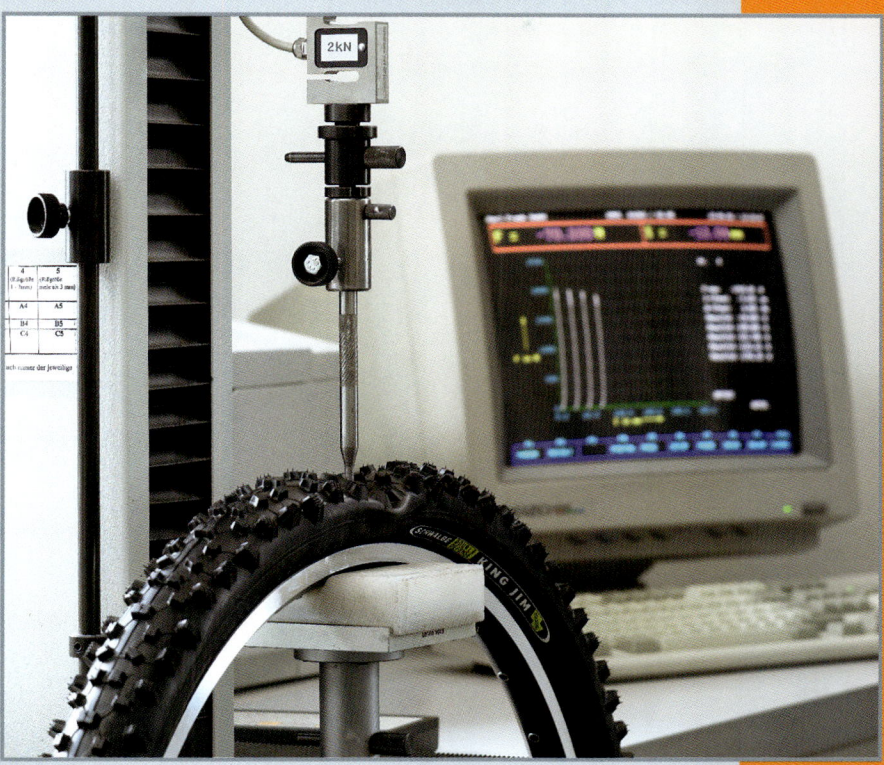

ment zu den Marktführern. Im Two Wheel Business-Segment hat man sich ganz auf Fahrräder spezialisiert und bietet hier erstklassige und innovative Produkte für alle Arten von Rädern an – sowohl für den Freizeitbereich als auch für den Spitzensport.

**Adresse:** Continental AG, Two Wheel Business Unit, Continentalstraße 3–5, D-34497 Korbach, D
2wheel.marketing@conti.de, www.conti.de

## Magura

**Sortiment:** Fahrradbremsen, Federgabeln und -beine.

**Geschichte:** Das deutsche, in Schwaben ansässige Unternehmen hat sich ganz auf vollhydraulische Bike-Bremsen spezialisiert. Die Firma wurde 1987 von Gustav Magenwirth in Bad Urach gegründet und liefert mehrere hunderttausend Bremsen jährlich aus.

**Adresse:** Gustav Magenwirth GmbH & Co. KG, Stuttgarter Straße 48, D-72574 Bad Urach, D
passionpeople@magura.de
www.magura.de

# Die wichtigsten Begriffe

# Die Fachwörter

**Abstandhalter:**  Sicherheitszubehör, 40 cm lang, meist an Kinderfahrrädern, in der Regel in Kellenform und klappbar. Ist an der linken Seite zu verwenden und mahnt andere Verkehrsteilnehmer, den Sicherheitsabstand einzuhalten.

**Achsen:** Vier Achsen hat das Fahrrad; zwei Nabenachsen, um die sich die Laufräder drehen, dazu eine Pedalachse und eine Tretlagerachse.

**Achter:** So wird landläufig der Höhenschlag bezeichnet, der beispielsweise entsteht, wenn Hindernisse zu rasant überfahren werden oder aber sich die Spannung der Speichen lockert. Das Rad läuft dann unrund.

**Aluminium:** Ein häufig verwendetes Material im Fahrradbau. Verantwortlich dafür sind seine positiven Eigenschaften wie das geringe Gewicht, die Robustheit und die Tatsache, dass es nicht rostet.

**Anlöt-Ösen:** Um Zubehörteile anbringen zu können, werden Ösen an verschiedenen Stellen des Rades angelötet.

**Ansprechverhalten:** Das ist umso besser, je sensibler die Federung arbeitet. Ein schlechtes Ansprechverhalten ist in der Regel die Folge hoher innerer Reibung und/oder mangelnder Pflege.

**Antriebsschwinge:** Dieser federnde Teil des hinteren Rahmens macht Spannrollen überflüssig, weil sich die Kette dank der Federung nicht längt.

**Ausfallenden:** Die Ausfallenden befinden sich am hinteren, unteren Ende des Rahmens sowie am unteren Ende der Gabel und sind hohen Belastungen ausgesetzt. Sehr gute Räder verfügen deshalb über geschmiedete Ausfallenden.

**Bar-Ends:** Auch als Power Sticks bekannte zusätzliche Griffe an den Lenkerenden zur Optimierung der Handposition.

**Blitzventil:** Dieses gängige Fahrradventil hat den Vorteil, dass der Kraftaufwand beim Aufpumpen geringer ist als beim zuvor geläufigen Dunlop-Ventil.

**Bowdenzug:** Ein ummantelter Stahldraht, der einen Hebel mit der Bremse oder der Schaltung verbindet.

**Bremsanker:** Befestigung der Bremse am Rahmen bei Trommel- und bei Rücktrittbremsen.

**Bremsen:** Mittels Bowdenzug werden in der Regel die Bremsgummis seitlich an die Felge gedrückt, um nach dem Reibungsprinzip die Geschwindigkeit zu mindern. Es gibt viele unterschiedliche Bremsenarten, wie z.B. Cantilever-, Trommel- oder V-Bremse (V-Brake).

**Bremshebel:** Der Hebel für die Vorderbremse ist stets auf der rechten Seite des Lenkers angebracht, so festgelegt nach DIN (Deutsche-Industrie-Norm).

**Bremszug:** Der Bowdenzug, der den Bremshebel mit den Bremsbacken verbindet.

**BSA-Gewinde:** Das übliche Tretlager-Gewinde bei Mountainbikes oder Rennrädern.

**Bügelschloss:** Stabiles Stahlschloss in U-Form.

**Cantilever-Bremse:** Bei dieser Felgenbremse sind die Beläge an zwei einzelnen Kipphebeln befestigt, die synchron mittels Bowdenzug an die Felge gedrückt werden.

**Carbon:** Hochwertiger Verbundwerkstoff aus Kohlefasern, der sehr leicht und dennoch extrem belastbar ist. Wegen des hohen Preises für die aufwändige Verarbeitung wird Carbon vornehmlich beim Bau von Rennsporträdern verwendet.

**Chrom:** Als Rostschutz wird das Material gerne auf verschiedene Fahrradteile aufgebracht.

**CroMo:** Gebräuchliche Abkürzung für Chrom-Molybdän-Stahl, der sich durch hohe Zugfestigkeit und gute Bruchdehnungseigenschaften auszeichnet. Als Legierung wird CroMo für Rahmenteile, Achsen und auch Lenker verwendet.

**Dämpfung:** Um unkontrollierte Schwingungen abzufedern, verbaut man spezielle Dämpfer. Diese arbeiten mit Federn oder Öl.

**Diamantrahmen:** Der Name rührt vom englischen Begriff für Raute (= Diamond) her und bezeichnet die klassische Rahmenform des Herrenrades.

**Drehgriffschalter:** Die Gangschaltung ist in den Lenkergriff integriert, die Gänge werden durch Drehen des Griffes gewechselt.

**Dynamo:** Die Lichtmaschine des Fahrrads wird durch das Drehen des Laufrads betrieben und versorgt Frontscheinwerfer und Rücklicht mit Strom. Unterschieden wird zwischen Nabendynamo und Rollendynamo. Laut Straßenverkehrszulassungsordnung muss der Dynamo eine Spannung von 6 Volt erzeugen und eine Leistung von 3 Watt abgeben.

**Edelstahl:** Der nahezu rostfreie Stahl findet vornehmlich bei Rahmenrohren Verwendung; wegen seines relativ hohen Gewichts wird er jedoch vermehrt von Aluminium und Kunststoff verdrängt.

**Elastomer-Federung:** Diese Federung benötigt nur eine Reibungsdämpfung, was als Vorteil anzusehen ist gegenüber Pneumatik- oder Stahlfederungen, die hydraulisch gedämpft werden müssen.

**Fahrradmessen:** Analog zu den Auto-

mobilausstellungen gibt es längst auch internationale Fahrradmessen, in der Regel kombiniert mit motorisierten Zweirädern. Die bekanntesten in Deutschland sind die Internationale Fahrrad- und Motorrad-Ausstellung IFMA in Köln sowie die Eurobike in Friedrichshafen.

**Fahrradträger:** Träger zur Befestigung des Rades beim Transport mit einem Pkw, entweder auf dem Dach oder am Heck des Fahrzeugs angebracht.

**Fahrradtypen:** Die verschiedenen Bauweisen von Fahrrädern lassen sich in Typen oder Arten einteilen, wobei es keine einheitlichen Begriffsdefinitionen gibt. Beispielhafte Typen sind Touren- und Rennrad, Mountainbike oder Einrad.

**Fahrradverbindungsstange:** Klappbare Vorrichtung am Fahrrad, mit deren Hilfe ein Kinderfahrrad ins Schlepptau genommen wird. Das Vorderrad des Kinderrades wird dabei angehoben.

**Federbeine:** Ein hydraulischer Dämpfer am Hinterbau des Rades, eingesetzt bei einer Pneumatik ebenso wie bei einer Stahlfederung.

**Federelemente:** An mehreren Stellen eingesetzte Elemente, um Stöße und Schläge abzuschwächen.

**Felgen:** Der tragende Teil des Laufrads ist aus Stahlblech, Aluminium, aber auch Carbon oder sogar Titan gefertigt. Die Felge ist durch Speichen mit der Nabe verbunden, hält den Schlauch und nimmt seitlich die Gummis der Felgenbremsen an.

**Felgenband:** Dieses unerlässliche Klebeband aus Kunststoff oder Textil schützt den Schlauch vor Schäden durch Reibung an der Felgeninnenseite.

**Freestyle:** Fahrradartistik mit einem BMX-Rad.

**Freilauf:** Der auf der Nabe verschraubte Freilauf sorgt dafür, dass Pedale und Kette von der Drehbewegung des Rades getrennt werden, sobald man nicht mehr tritt oder langsamer fährt, als es das Verhältnis von Übersetzung zu aktueller Geschwindigkeit erfordert.

**Frontscheinwerfer:** Die Hauptleuchte wurde traditionell mit einer herkömmlichen Wolframglühlampe ausgestattet, ist heute aber in der Regel mit einer Halogenlampe

oder mit LEDs bestückt. Die Stromversorgung erfolgt über den Dynamo, die Leistungsaufnahme liegt bei 2,4 W/6 V oder 4,8 W/12 V. Moderne Frontscheinwerfer verfügen oft über integrierten Frontreflektor und Standlichtfunktion.

### Full Suspension/Fully:
Ein vollgefedertes Rad mit Dämpfungselementen vorne und hinten. Dagegen ist der so genannte Hardtail nur vorne gefedert.

### Gabeln:
Die wichtige Verbindung vom Lenker zum Vorderrad hat große Belastungen auszuhalten. Daher wird beim Bau eher selten Aluminium genutzt, bevorzugt wird Stahl. Zur Erhöhung der Stabilität wurden so genannte Unicrown-Gabeln konstruiert, die keinen Gabelkopf mehr aufweisen.

### Gasdruck-Federgabel:
Bei diesen pneumatischen Gabeln wird die Dämpfung mit Gasdruck gesteuert; eingesetzt werden entweder Luft oder Stickstoff.

### Gel-Sattel:
Mittlerweile übliche Sattelfertigung. Das eingelassene Gel (in der Regel Silikon) soll der natürlichen Anatomie entgegenkommen und für eine bessere Druckverteilung sorgen.

**Geöste Felgen:** Ösen schützen bei dieser aufwändigen Ausstattung die Verbindung von Speiche und Felge, sorgen für höhere Stabilität.

**Gepäcktaschen:** Diese gibt es in verschiedenen Größen für Lenker, Rahmen, Sattel oder Gepäckträger. Sie werden angehängt oder mit Gurten verspannt. Werkzeug, Verpflegung oder Einkäufe – die Taschen sind vielseitig nutzbar.

**Gepäckträger:** Oberhalb des Hinterrades angebracht, dient der Gepäckträger als Transporthilfe. Oft befinden sich zusätzlich Spanngurte am Gepäckträger, mit denen das Transportgut gesichert werden kann.

**Gussets:** So heißen kleine Bleche, die an spezielle Stellen des Rahmens angeschweißt werden, um dessen Festigkeit zu erhöhen.

**Halogenscheinwerfer:** Der Glaskörper bei diesen Lampen ist mit Gas gefüllt, das u.a. eine Überhitzung des Wolfram-Glühfadens verhindert. So wird der Faden heißer und das Licht weißer. Es wirkt dadurch besonders hell und klar. So sieht man nicht nur besser, sondern wird auch besser gesehen.

**Helme:** Wichtiger Sicherheitsfaktor beim Radfahren. Bei Kindern längst Usus, fahren auch viele Erwachsene nicht mehr „oben ohne". Im Handel sind Styropor- und Hartschalenhelme erhältlich. Wichtig sind Stabilität (auf Prüfzeichen achten), Luftdurchlässigkeit und richtiger Sitz.

**Hilfsmotor:** Elektrische Antriebshilfe, in erster Linie zur Unterstützung bei Steigungen. Nichts für schnelle Radler, weil die Geschwindigkeitsbegrenzung beim „Fahrrad mit Hilfsmotor" (nicht zu verwechseln mit dem Mofa/Motorfahrrad) bei 20 km/h liegt.

**Hinterbau:** Der hintere Rahmenteil, gebildet vom Dreieck aus Sattelrohr-, Sattel- und Unterstrebe.

**Hohlkammerfelgen:** In der Regel aus Aluminium gefertigtes, mit einem Hohlraum versehenes Felgenprofil, das die Gefahr eines Speichenbruchs beträchtlich mindert.

**Hydraulikbremsen:** Hier werden die Bremsen nicht per Bowdenzug sondern mit Öldruck betrieben. Der Bremshebel bewegt einen Kolben, der Öl durch die Bremsleitung zu Zylindern drückt, die wiederum die Bremsgummis an die Felge drücken.

Inbusschlüssel: Innensechskantschlüssel, der bei fast allen Befestigungen von Fahrradteilen benötigt wird.

Innenbackenbremsen: Anderer Ausdruck für die Trommelbremse, der auf die Wirkweise verweist.

Innenlager: Das Innenlager, oder auch Tretlager, ist die Lagerung der Tretkurbel, die die Tretkraft von den Pedalen auf das Kettenblatt überträgt.

Italienisches Gewinde: Rennrad-Innenlagergewinde mit spezieller Breite, das fast ausnahmslos von italienischen Herstellern verwendet wird.

Kassetten: Bezeichnung für alle zur Kettenschaltung am Hinterrad gehörenden Zahnkränze.

Kassettennaben: Durch den in die Nabe integrierten Freilauf werden bei dieser seit 1952 auf dem Markt befindlichen Form die Ritzel aufgesteckt, was deren Auswechselung erleichtert.

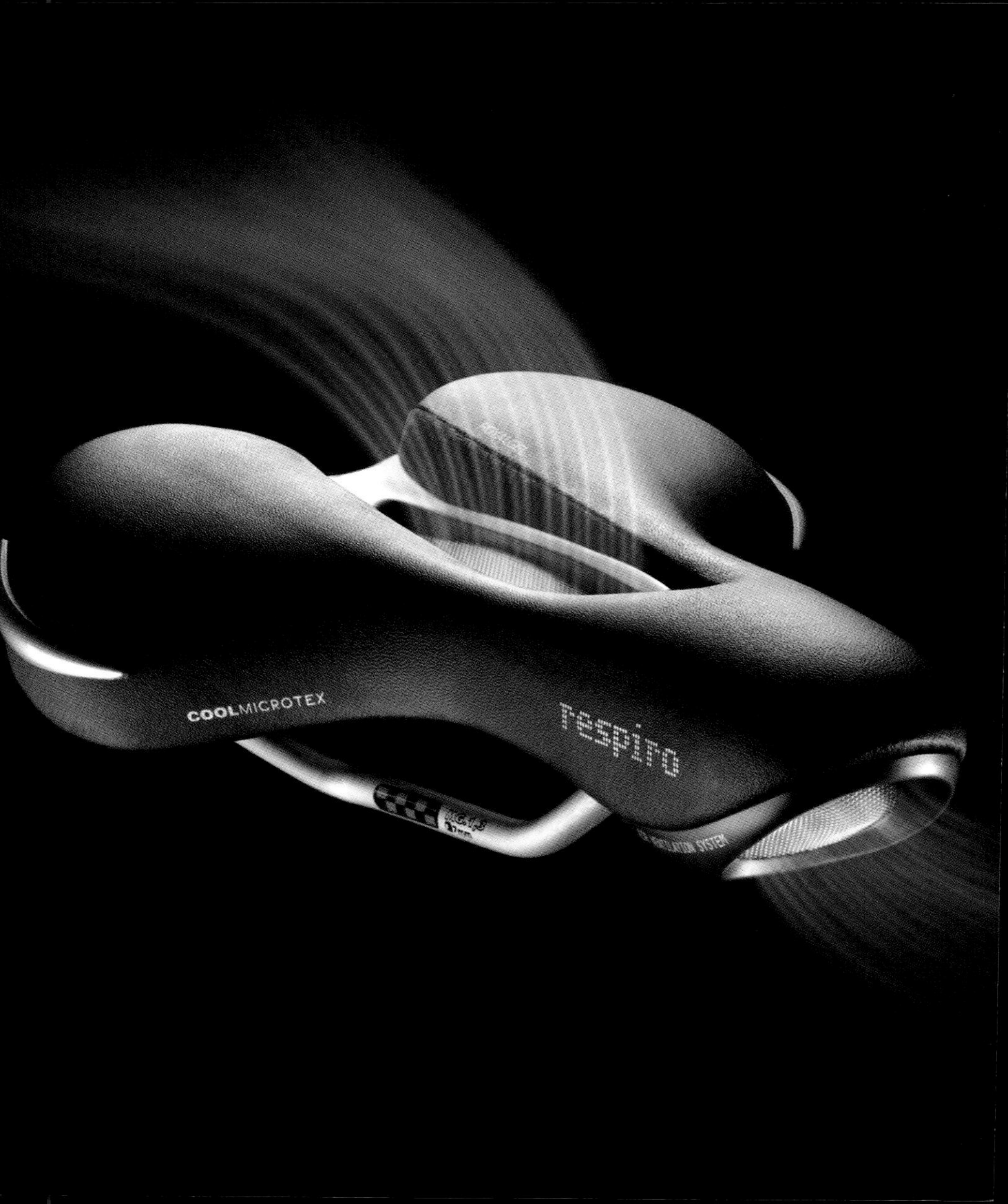
COOLMICROTEX
respiro

**Katzenaugen:** Runde Vorgänger der heutigen Reflektoren, die jeden auftreffenden Lichtstrahl genau in dessen Ausgangsrichtung wiedergeben; noch heute ein gängiger Begriff.

**Keramikfelgen:** Spezialfelgen mit Seitenbeschichtung, die keine Verschleißerscheinungen durch das Bremsen zeigen, aber sehr teuer sind.

**Ketten:** Wer Kraft in Leistung umsetzen will, dem sei die Kette mit einem Wirkungsgrad von fast 100 % ans Herz gelegt. Beim Fahrrad ist sie deshalb nahezu unerlässlich. Es gibt zwei Größen: $1/2 \times 1/8$ Zoll für Nabenschaltungen oder Räder ohne Schaltung; $1/2 \times 3/32$ Zoll für Kettenschaltungen, also z.B. Rennräder und Mountainbikes.

**Kettenblatt:** Mittels des Kettenblattes wird die Tretkraft auf die Antriebskette übertragen. In der Regel haben Räder mit Nabenschaltung ein, Rennräder zwei und Geländeräder drei Kettenblätter. Je höher die Anzahl der Zähne auf dem Kettenblatt, desto größer die Übersetzung.

**Kettenradgarnitur:** Begriff für einen kompletten Satz aus Kettenblättern, Tretkurbel und Ritzeln am Hinterrad.

**Kettenschaltung:** Die Kette wird mittels Schaltung und Tretkraft über Zahnkränze verschiedener Größe angetrieben.

**Kettenschutz:** Der Großteil der schaltungslosen Räder oder jener mit Nabenschaltung haben diese Abdeckung aus Kunststoff oder Aluminium, um die Kleidung vor Schmutz von der Kette zu schützen.

**Kevlar:** Zur Verstärkung der Reifen genutzte, äußerst belastungsfähige Kunstfaser aus Aramid.

**Kindersitz:** Sicheres Transporthilfsmittel. Bis etwa 15 kg Gewicht der Kinder werden die Sitze meist vorne (zwischen Lenker und Sattel in Fahrtrichtung oder vor dem Lenker gegen die Fahrtrichtung) angebracht. Für den Aufbau hinter dem Sattel auf dem Gepäckträger gibt es einen Sitz mit hoher Rückenlehne, Hosenträgergurten und Fußschalen. Kind und Sitz dürfen ein Gesamtgewicht von 25 kg nicht überschreiten.

**Kindertransportanhänger:** Das ideale Transportmittel für größere oder auch zwei Kinder. Er ist sicher ausgestattet (Überrollbügel) und wird an der Unterstrebe befestigt.

## Klingel:
Akkustischer Signalgeber, meist als Zweiton- oder als Drehglocke direkt am Lenker montiert. Der Begriff Klingel hat sich im allgemeinen Sprachgebrauch durchgesetzt, offiziell heißt es jedoch Glocke.

## Kreuzrahmen:
Schon im 19. Jahrhundert bekannter Urrahmen, gebildet aus zwei Rohren als Verbindung von Steuer und Hinterrad sowie von Sattel und Tretlager.

## Kurbelarm:
Hebelarm zwischen Pedale und Tretlager.

## LED-Leuchten:
Scheinwerfer mit kleinen Leuchtdioden. Sie sind umstritten, da sie nur bedingt einen gleichmäßig abstrahlenden Lichtkegel erzeugen. Daher strahlen sie im Allgemeinen weniger hell als ein Halogenscheinwerfer, wenngleich sie als langlebiger als eine Standard-Halogenleuchte gelten.

## Leiträllchen:
Die untere Zahnscheibe der Ketten-Schaltwerke, die die Kette in die richtige Position bringt.

**Lenker:** Eine quer zur Fahrtrichtung angebrachte Stange, die mit einer mit ihr verbundenen Gabel das Rad in die gewünschte Richtung lenkt. Mittlerweile gibt es unzählige Lenkerformen, vom geraden über den unterschiedlich geschwungenen Lenker bis hin zu speziellen Mountainbike- und Rennrad- oder auch Triathlon-Lenkern.

**Lenkerband:** Selbstklebendes Band, das die Griffigkeit verstärkt, vornehmlich bei Rennlenkern genutzt.

**Lenkergriffe:** Sie werden, aus unterschiedlichen Materialien gefertigt, über die Lenkerenden gezogen. Meistens sind sie am Ende geschlossen, bei Mountainbikes zur Befestigung von Bar-Ends häufig aber auch offen.

**Lenkervorbauten:** Die Verbindung zwischen Lenker und Verbindungsrohr zur Vordergabel.

**Leuchtstreifen:** Eine das Licht reflektierende Folie auf den Reifen, die anstelle von Speichenreflektoren genutzt werden darf, allerdings durch stärkere Verschmutzung nicht dasselbe Maß an Sicherheit bietet.

**Lochmaß**: Bei Rädern mit zwei oder drei Kettenblättern werden diese miteinander verschraubt. Der Abstand der Schrauben ist das Lochmaß. Dieses bestimmt, wie klein das kleinste Kettenblatt sein darf.

**Luftbereifung**: Die Erfindung von John Boyd Dunlop aus dem Jahr 1889 war bahnbrechend und ist auch heute noch Grundlage fast jeden Fahrradreifens, auch wenn es inzwischen schlauchlose Reifen gibt. Letztlich aber hat sich am Prinzip seit 1889 nichts als Material und Fertigungsqualität verändert.

**Mantel**: Gebräuchliche Bezeichnung für die „Laufdecke", die auf der Felge sitzt und den Schlauch umschließt.

**Mittelzugbremsen**: Kaum noch gebräuchliche Bremsenart, trotz eines hohen Wirkungsgrades.

**Moustache-Lenker**: So wird der gemütlich anmutende, geschwungene Lenker genannt, mit dem vornehmlich Citybikes ausgerüstet sind.

**Muffen**: Rohrverbindungsteile mit Steckprinzip, in der Regel bei Winkelverbindungen benutzt.

**Multifunktionslenkbügel:** Vielseitiger Lenker, der mehrere Griffpositionen ermöglicht.

**Naben:** Die kugelgelagerte Achse des einzelnen Rades, die am Rahmen befestigt und mit Ösen für die Aufnahme der Speichenenden versehen ist.

**Nabenbremsen:** Die bekannteste Nabenbremse ist die mehr als 100 Jahre alte Rücktrittbremse, 1903 von Ernst Sachs erfunden.

**Nabendynamo:** In der Nabenmitte untergebrachter Generator, der die Lichtmaschine im Gegensatz zum Rollendynamo ohne Reibungsverluste antreibt.

**Nabenschaltungen:** Hier wird die Schaltung durch ein Planetengetriebe, eine spezielle Bauform des Zahnrad-Getriebes, im Hinterrad geregelt. Seit rund 100 Jahren werden diese mechanischen Schaltungen gefertigt, bei mehr als drei Gängen kommen mehrere Planetengetriebe kombiniert zum Einsatz. Vorteile dieser Schaltung sind ihr geringerer Wartungsaufwand im Vergleich zur Kettenschaltung, außerdem können Rücktrittbremse und Dynamo integriert werden.

**Nockenbremsen:** Der Bremszug ist hier an einer Nockenplatte eingehängt.

**Oberrohr:** So heißt das Horizontalrohr bei Herrenrädern, das den Lenker mit dem Sattel verbindet.

**Pedale:** Die Fußstütze, im rechten Winkel zur Tretkurbel angebracht, wurde 1853 von Philipp Moritz Fischer erstmals genutzt. Auf Vollmetall folgten Kombinationen mit Gummi- oder Kunststoffteilen. Bei den sportlichen Fahrern setzte sich seit den 80er Jahren des 20. Jahrhunderts die Systempedale nach und nach durch.

**Power-Modulator:** Dieser verhindert das Blockieren des Rades bei Tourenrädern, in dem er die Bremskraft verringert.

**Pulverbeschichtung:** Die robuste und unweltschonende Beschichtung ist ein wirksamer Rostschutz. Winzige Kunststoffpartikel werden elektrostatisch mit dem Rahmen verbunden und dann eingebrannt.

**Radlerhose:** Spezialhose aus Synthetikmaterial, die Feuchtigkeit nach außen abgibt und ohne Unterwäsche getragen wird. Dem Fahrkomfort dient ein Polster im Gesäßbereich.

**Radschuhe:** Der Handel bietet diverse Schuhe für die verschiedensten Radtypen wie Mountainbike- oder Rennrad an. So gibt es spezielle Schuhe für Rennrad-Systempedale bzw. solche mit Gewinden, an die man Adapter zur Verbindung mit den Systempedalen montieren kann.

**Rahmen:** Er bildet das Grundgerüst des Fahrrads und setzt sich aus zwei Dreiecken zusammen, die wiederum aus verschiedenen Einzelrohren bestehen. Die Rohre werden geschweißt oder mit Muffen verlötet. Traditionelles Material ist Stahl (stabil, aber schwer), es gibt aber auch Rahmen aus Aluminium (besonders leicht), Carbon oder Titan.

**Rahmenformen:** Die seit mehr als 100 Jahren bekannte Grundform ist der Diamantrahmen. Inzwischen gibt es weitere Formen für spezielle Fahrräder, wie Liegerad, BMX oder Faltrad.

**Rahmenhöhen:** Bei Alltagsrädern liegt die Rahmenhöhe in Zweierschritten zwischen 49 und 63 cm. Ausschlaggebend ist die Körpergröße. Gemessen wird die Distanz zwischen der Tretkurbel und der Oberkante der Sattelmuffe.

**Reflektoren:** Ein verkehrstüchtiges Fahrrad muss neben Vorder- und Rücklicht auch folgende Reflektoren aufweisen: vorne weiß, möglichst großflächig; hinten rot, großflächig; zusätzlich hinten, in der Regel ins Rücklicht integriert; je zwei gelbe an den Speichen vorne und hinten; an beiden Pedalen an Vor- und Rückseite.

**Reifenfülldruck:** Dieser wird gemessen in bar (alter Ausdruck Atü); im Tagesgebrauch haben Reifen einen Luftdruck von 4–6 bar. Ein bar Druck bedeutet ein Kilo Gewicht auf den Quadratzentimeter.

**Reifengröße:** Die Größe ist an den Flanken der Reifen in Millimetern angegeben (z. B.   42-622 / Reifenbreite-Reifendurchmesser) oder Zoll (z. B. 28 x 1,6 / Reifendurchmesser x Reifenbreite). Die unterschiedlichen Bezeichnungen führen auch dazu, dass es Abweichungen bei den Maßangaben von bis zu 5 mm gibt.

**Reifenprofile:** Für möglichst geringen Rollwiderstand ist auch ein möglichst geringes Profil nötig. Übrigens wird dieses nicht nur bei Rennrädern verwendet, sondern auch vielfach bei den Alltagsrädern. Bei geländegängigen Fahrrädern wird dagegen ein grobes Stollenprofil verwendet.

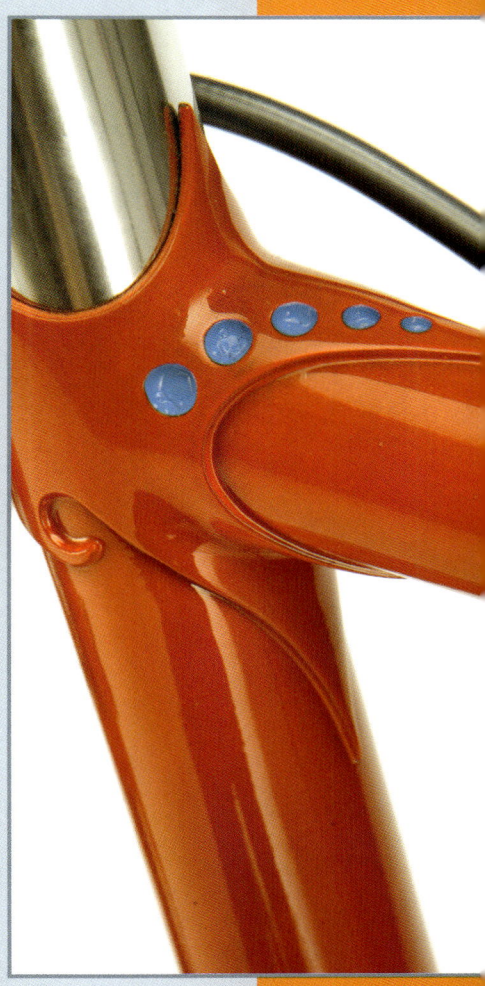

**Rillenkugellager:** In einer Rille werden die Kugeln des Normkugellagers geführt.

**Ringschloss:** Am Rahmen des Hinterrades montiertes Schloss, meist unterhalb des Sattels.

**Ritzel:** So werden die hinteren Zahnräder genannt, deren Anzahl bei Rädern mit Kettenschaltung zwischen fünf und neun variiert. Das jeweils kleinste Ritzel hat meistens 11, das größte 28 Zähne.

**Rollenbremse:** Diese wird auf die Radnabe montiert, es werden Rollen von innen nach außen gegen den Bremsmantel gedrückt.

**Rollendynamo:** Der Rollen- oder auch Walzendynamo läuft auf der Mitte der Reifenfläche, ist daher sehr effektiv, aber auch extrem anfällig für Verschmutzung und daher für Aussetzer des Lichts.

**Rollwiderstand:** So wird der Energieverlust genannt, der durch Reibung (zwischen Reifen und Fahrbahn oder auch in den Lagern) entsteht. Je höher der Reifenfülldruck, desto geringer der Rollwiderstand.

**Rücklicht:** In der EU für den Straßenverkehr vorgeschrieben. Muss rot leuchten und am hinteren Schutzblech in einer Höhe zwischen 25 bis 60 cm angebracht sein. Außerdem ist ein roter Reflektor Pflicht. Es gibt Rücklichter mit integriertem Großflächenreflektor sowie Standlicht zur Montage am Gepäckträger.

**Rücktrittbremse:** Wartungsarme, aber nicht so effektive Hinterradbremse, die mittels Rückwärtstreten der Pedale ausgelöst wird. International kaum noch genutzt, ist sie in Deutschland noch relativ weit verbreitet.

**Sattel:** Traditionell aus Leder gefertigter Sitz, heute auch aus Kunststoff, z. B. als Vollkunststoffschale. Sättel unterscheiden sich nicht nur in Material und Aufbau, sondern auch in der Form: Damensättel sind hinten breiter und vorne kürzer als Herrensättel; die länglich-schmale Form von Rennsätteln ermöglicht verschiedene Sitzpositionen.

**Sattelgestell:** Bei traditionell gefertigten Sätteln verstärkt ein Tragegestell für die Satteldecke Federung und Stabilität.

**Sattelrohr:** Dieses Rohr führt vom Tretlagergehäuse hoch zum Oberrohr bzw. bis zur Sattelmuffe.

**Sattelstützen:** So wird das Rohr des Sattels genannt, das von oben in die Muffe geschoben wird, die Ober-, Sattelrohr und Sattelstreben verbindet.

**Satteltaschen:** Beim Fahrrad die kleine Werkzeugtasche unterhalb des Sattels.

**Schaltwerke:** Sammelbegriff für den hinteren mechanischen Teil der Kettenschaltung.

**Scheibenbremse:** In der Regel hydraulisch betriebene Bremse, die analog zum Motorrad auf einer gesondert montierten Scheibe wirkt. Auch der englische Begriff Discbrake wird häufig verwendet.

**Schlauch:** Das häufigste Schlauchmaterial heißt Butyl und ist ein künstliches Gummi. Auch Polyurethan (PU) oder Naturkautschuk (Latex) können verwendet werden.

**Schnellspanner:** Diese erlauben den bequemen Ein- und Ausbau der Laufräder durch einen Excentermechanismus. Für die Montage wird also kein Werkzeug benötigt, was sich positiv bei Reparatur oder Transport auswirkt.

**Seitenstrahler:** Wie der Name sagt, sind die an der Seite des Rades befindlichen Reflektoren, an Speichen oder Reifenflanken, gemeint.

**Sitzhöhe:** Die optimale Sitzhöhe wird mit Hilfe der sich jeweils unten befindlichen Pedale ermittelt. Eine ziemlich genaue Erfassungsmöglichkeit der optimalen Höhe ist es, die Ferse bei durchgestrecktem Bein auf die entsprechende Pedale in tiefster Position zu setzen. Das Bein darf dabei nicht völlig gestreckt sein.

**Spannröllchen:** Es liegt zwischen Kassette und Leitröllchen und gleicht die benötigte Kettenlänge aus. Dies ist aufgrund der verschieden großen Durchmesser der einzelnen Zahnkränze nötig.

**Speichen:** So heißen die verzinkten Stahl- oder auch Edelstahldrähte, die zwischen Nabe und Felge gespannt werden und das Laufrad stabilisieren.

**Standlicht:** Wenn die Beleuchtung mit einem Dynamo betrieben wird, speichert dieser nicht benötigte Energie in einem Akku. Dieser versorgt die Leuchten auch dann mit Strom, wenn der Dynamo nicht dreht. Das wirkt sich sehr positiv auf die Sicherheit aus,

zum Beispiel, wenn man mit dem Fahrrad nachts an einer Ampel steht.

**Stellschrauben:** Schränken den seitlichen Schwenkbereich des Schaltwerks ein und halten die Kette am Ritzelpaket.

**Steuerkopf:** So heißt das Rahmenrohr, an das Ober- und Unterrohr anschließen und in das der Steuersatz eingelassen ist.

**Steuersatz:** Das Lager im Steuerrohr/-kopf verbindet den Lenker mit der Vorderradgabel. Es muss starker Belastung standhalten.

**Steuerrohr:** Die Verbindung zwischen Ober- und Unterrohr, auch Steuerkopfrohr genannt.

**Systempedale:** Pedalform, die die lange üblichen Körbchen bei der Rennradpedale wie auch beim Mountainbike zunehmend ablöst. Der Schuh kann dabei dank einer Metallplatte unter der Sohle in das Gegenstück auf der Pedale einrasten.

**Tachometer:** Messgerät, das nicht nur Geschwindigkeit und gefahrene Kilometer misst, sondern heute oft auch Durchschnittsgeschwindigkeit, Tageskilometer oder sogar Kalorienverbrauch ermittelt. Es wird dann meist als Fahrradcomputer bezeichnet. Die Anzeige ist per Kabel oder auch per Funk mit einem Kontaktgeber verbunden, der am Gabelbein befestigt ist. Es werden die Radumdrehungen gezählt; um die Geschwindigkeit exakt berechnen zu können, muss der Raddurchmesser im Computer gespeichert sein.

**Tiefeinsteiger:** So ist die offizielle Bezeichnung für Räder, die kein horizontales Oberrohr aufweisen. Sie sind leichter zu besteigen und daher gerade bei älteren Menschen sehr beliebt.

**Tretkurbel:** Daran sind die Pedale befestigt, sie überträgt die auf die Pedale ausgeübte Kraft auf das Kettenblatt und beinhaltet im Zentrum das Innenlager.

**Tretlager:** Andere Bezeichnung für das Innenlager, das offiziell Tretlagerung oder Tretlagergehäuse heißt.

**Trommelbremse:** Hier werden die Bremsen durch einen Nocken gespreizt und in die Innenseite des Nabengehäuses gepresst. Weniger schmutzanfällig als die Felgenbremse, aber auch in der Regel nicht so effektiv.

**Unterrohr:** Das geneigte Rahmenrohr, welches das Steuerrohr mit dem Tretlager verbindet.

**Unterstreben:** Auch Kettenstreben genannte Verbindungsrohre zwischen Ausfallenden und Tretlager.

**V-Bremsen / V-Brake:** Der Nachfolger der Cantilever-Bremse wird wegen der Form der Kipphebel so genannt. Schon 1990 gab es die erste Wie-Brake, so benannt vom Schweizer Rahmenbauer Florian Wiesmann, in Anlehnung an seinen Namen.

**Ventile:** Damit wird der Luftdruck im Reifen eingestellt. Die drei gebräuchlichsten Ventiltypen sind Blitzventil (auch Dunlop-Ventil genannt), Autoventil und Rennventil.

**Vorderbau:** Bezeichung für den kompletten vorderen Teil des Rahmens.

**Vorderlicht:** Dies muss so eingestellt sein, dass der Lichtkegel nicht mehr als zehn Meter vor dem Rad auf die Fahrbahnoberfläche trifft, um die Blendung anderer Verkehrsteilnehmer in Gegenrichtung zu vermeiden.

**Wartung:** Wie beim Auto, sollten auch beim Fahrrad diejenigen Teile regelmäßig gewartet werden, die der Betriebssicherheit dienen, wie z. B. Bremsen, Reifen, Kette, Licht, Züge und Schaltung oder auch verschraubte Verbindungen und die Stabilität von Sattel und Gabel.

**Werkzeuge:** Ein mehr oder weniger umfangreiches Werkzeugset sollte immer dabei sein. Ein Satz Inbusschlüssel sowie kombinierte Ring-Gabelschlüssel (Größen 10, 13, 15) oder ein verstellbarer Schraubenschlüssel leisten in der Regel erste Hilfe; Schlitz- und Kreuzschraubendreher, Deckenheber sowie Flickzeug sollten auch noch in die Satteltasche passen. Bei längeren Touren empfiehlt sich zudem das Mitführen eines Ersatzschlauches. Spezialwerkzeug findet sich in der Werkstatt, ob in der professionellen oder in der des ambitionierten Heimwerkers. Die Bandbreite reicht vom Kurbelabzieher über den Kettennieter zum Nippeldreher.

**Wiegetritt:** Eine Fahrtechnik, die hilft, steile Anstiege zu bewältigen: Der Fahrer erhebt sich aus dem Sattel und verlagert sein Körpergewicht mittels der Armbewegungen am Lenker („drücken hüben, ziehen drüben") auf die Seite des Trittbeins, so dass das ganze Gewicht auf die Pedale wirken kann.

**Y-Rahmen:** Vollgefederte Rahmen haben häufig eine Y-Form und heißen dann Y-Rahmen.

**Zahnkranz:** Alter, aber weiterhin verbreiteter Ausdruck für das Ritzel am Hinterrad.

**Zoll/Inch:** Die vornehmlich im anglo-amerikanischen Sprachraum verwendete Maßeinheit ist auch im Fahrradbau das Maß aller Dinge. Der Durchmesser des Laufrades wird so in Zoll (engl.: inch = 2,54 cm) gemessen, die Größenbezeichnungen 24er-, 26er- oder 28er-Rad sind also Zollgrößen.

**Zusatzausstattung:** Unter diesen Oberbegriff fallen alle Ausstattungsdetails, die nicht zwingend für die Funktion des Rades erforderlich sind. Dazu zählen bei vielen Radtypen nicht nur Accessoires wie Fahrradcomputer oder Schutzbleche, sondern auch oft die gesetzlich vorgeschriebenen Ausstattungen wie Lichtanlage oder Glocke.

# Radsport

# Sport am Limit

## Wettkämpfe auf zwei Rädern

Wettkämpfe sind fast so alt wie das Fahrrad selbst. 1817 hatte Karl Friedrich Drais von Sauerbronn sein lenkbares Laufrad, die Draisine, zum Patent angemeldet – zwei Jahre später rasten in Paris die ersten Sportler um die Wette. Das erste Straßenrennen fand wahrscheinlich im zentralfranzösischen Amiens statt; Renndistanz: 500 Meter.

Die Strecken wuchsen. Die Fernfahrt Paris-Rouen, die als erstes internationales Straßenrennen gilt, hetzte die Fahrer über insgesamt 130 Kilometer französischer Landstraße. Das war im Jahr 1869. Elf Jahre später soll es ein Rennen über die Alpen gegeben haben, von Paris nach Mailand und retour. Die Fernfahrt Paris-Brest-Paris zwang die Fahrer auf eine 1196-Kilometer-Tour – nonstop. Mittlerweile werden wieder „humane" Distanzen gefahren, meistens zwischen 150 und 250 Kilometern Länge.

In der Geschichte des Radsports hat sich vieles verändert. Technik, Trainingsmethoden und Ernährung zum Beispiel – die Räder wurden leichter, die Fahrer bereiteten sich immer gezielter auf die Ren-

nen vor und ernährten sich immer bewusster: Die Zeiten, als Tour-de-France-Fahrer während des Rennens auch mal ein Bier tranken, sind ein für allemal vorbei – obwohl es gerade bei der Tour schon mal vorkommen kann, dass am letzten Tag, auf dem Weg nach Paris, wenn das Rennen schon entschieden ist und traditionell keine Angriffe mehr gefahren werden, mit Sekt angestoßen wird. Im Rennsattel.

Eine Konstante gibt es in der Geschichte des Radsports: Es ging nicht immer mit fairen Mitteln zu. Im Jahr 1904 beispielsweise wurde der Fahrer Maurice Garin disqualifiziert – er hatte einen Teil der Strecke im Zug zurückgelegt, andere hatten sich Korken zwischen die Zähne gesteckt und von Autos den Berg hoch ziehen lassen. Die Konkurrenten sägten sich gegenseitig ihre Fahrräder an, zerschnitten sich die Bremszüge oder streuten sich gegenseitig Juckpulver ins Trikot. Manchmal kam es auch vor, dass Zuschauer handgreiflich wurden und den größten Konkurrenten ihres Favoriten vom Rad holten.

Doping ist ebenfalls ein Thema, das den Radsport fast seit seinem Beginn begleitet. Einige Mittelchen fördern die Ausdauer, andere pumpen die Muskeln auf, helfen den Fahrern, Schmerzen zu unterdrücken oder verkürzen die Regenerationszeit. Die Situation mutet oft wie ein Wett-rüsten an: Sobald neue Wege entdeckt werden, Doping nachzuweisen, suchen findige Ärzte nach neuen Methoden, dem Reglement ein Schnippchen zu schlagen.

Was ebenfalls immer wichtiger wurde: der Team-Ge-danke. Allein kann man ein Radrennen fast nicht gewinnen – dafür ist der Windschatten, der hinter dem Rücken eines

anderen Fahrers entsteht, ein viel zu ent-
scheidendes Element. Im Unterschied zu
Fußballmannschaften handelt es sich bei
den Radsportteams jedoch fast nie um
lokale oder regionale Organisationen –
sondern eher um einen losen Zusammen-
schluss von Fahrern mit derselben Trikot-
farbe und gemeinsamen Sponsoren.

Der Straßenradsport ist die ge-
schichtsträchtigste Teildisziplin, aber nur
eine unter vielen. Mitte der 70er Jahre
kam der Mountainbike-Sport auf und
erlangte enorme Popularität. Raus ins
Gelände, lautete von da an die Devise für
viele Fans, weg vom Asphalt. Rennen auf
der Bahn verlieren an Popularität, Rad-
ball und Kunstradfahren haben sich in
einer Nische eingerichtet – und der akro-
batisch anspruchsvolle BMX-Sport wurde für das Jahr 2008 zum ersten Mal zur
olympischen Disziplin erklärt.

Gerne vergessen, aber trotzdem von
enormer Bedeutung: Radfahren als Breitensport. Millionen von Menschen fahren
Rad. Mal mit der Familie am Wochen-
ende raus ins Grüne, mal mit dem Rennrad auf den Hausberg. Um Sieg oder
Niederlage geht es dabei nicht – nur um
Gesundheit, Spaß und Erholung.

# Outdoor

### Etappenrennen

Der Satz enthält viel Wahrheit: „Das Gelbe Trikot", hat der deutsche Radrennfahrer Jan Ullrich einmal gesagt, „brauche ich erst am vorletzten Tag. Unterwegs macht es doch nur Stress." Und genau das ist die Essenz von Etappenrennen: Abgerechnet wird zum Schluss. Manchmal erst nach über 20 Tagen.

Bei Etappenrennen strampeln die Fahrer an mehreren Tagen hintereinander um die Wette, manchmal wird der fröhliche Radel-Reigen auch von Ruhetagen unterbrochen. Die Einzelzeiten der Radler werden dann jeweils addiert – wer am wenigsten Tage, Stunden und Minuten gebraucht hat, gewinnt. Die Gesamtwertung zumindest.

Das ist bei großen Rundfahrten wie der Tour de France aber ohnehin nur das Ziel von einigen ganz wenigen. Viele sind froh, wenn sie das Rennen nicht vorzeitig aufgeben müssen – sei es aufgrund von Erschöpfung, einer Verletzung oder Krankheit.

Manche Fahrer setzen auf Teilerfolge: Ausreißer wollen einzelne Etappen gewinnen, Sprinter schielen bei der Tour nach dem Grünen Trikot des punktbesten Fahrers – für jede Sprintwertung, die auf der Strecke liegt, werden Punkte vergeben. Viel Prestige bringt auch das rot-weißgepunktete Bergtrikot mit sich: Punkte sammeln kann man auch, wenn man als einer der Ersten auf einer Passhöhe im Hochgebirge angekommen ist.

Etappenrennen sind für Radprofis eine Belastungsprobe. Nicht nur wegen der körperlichen Herausforderung: Während einer Rundfahrt leben die Fahrer zum Teil vier Wochen in Hotelzimmern – und zwar jeden Tag in einem anderen. Regeneration ist das A und O. Und dafür hat jeder Fahrer sein eigenes Rezept: „Vor dem Einschlafen an das Rennen zu denken ist fatal", hat der Spanier Pedro Delgado einmal gesagt. „Denn dann wachst du am nächsten Morgen mit dem Gefühl auf, die ganze Nacht Rad gefahren zu sein."

Etappenrennen gibt es fast in jedem Land, manche führen auch nur durch eine bestimmte Region wie zum Beispiel die Baskenland-Rundfahrt in Spanien oder die Dauphiné Libéré in Südostfrankreich. Am bekanntesten sind unter den Rundfahrten die Tour de France, der Giro d' Italia und die Vuelta a España.

## Eintagesrennen

Die schnelle Entscheidung: Nach einigen Stunden steht der Sieger fest – im Gegensatz zur Rundfahrt, die sich gerne auch mal über mehrere Wochen hinziehen kann. Gleichzeitig sind Eintagesrennen nicht nur die älteste Disziplin des Radsports, sondern auch die häufigste: Die Palette reicht vom kleinen Amateurrennen bis hin zum umkämpften Klassiker wie Mailand-San Remo.

Als Klassiker werden die berühmtesten Eintagesrennen bezeichnet – sie haben eine jahrzehntelange Tradition, auf der Siegerliste stehen große Namen wie Eddy Merckx oder Jacques Anquetil. Fünf der Klassiker werden – ganz pathetisch – als „Monumente des Radsports" bezeichnet: Mailand-San Remo, die Flandern-Rundfahrt, Paris-Roubaix, Lüttich-Bastogne-Lüttich und die Lombardei-Rundfahrt. Das wichtigste Eintagesrennen findet jedes Jahr in einem anderen Land statt: Die Straßen-Weltmeisterschaft.

## Rundstreckenrennen

In einem Punkt unterscheiden sich die kleinen Rennen von den großen: Sie werden nämlich oft in Rundenform

ausgetragen. Das heißt: Um auf eine Strecke von 131,75 Kilometern zu kommen, müssen die Fahrer eine 4,25 Kilometer lange Strecke insgesamt 31-mal fahren – was den Aufwand für den Veranstalter, der die Strecke absperren muss, um einiges minimiert.

## Kriterien

Eine Sonderform der Rundstreckenrennen sind die so genannten Kriterien: Die Strecke ist sehr kurz, vielleicht nur einen Kilometer lang, sie liegt meistens innerhalb einer Stadt. Hier werden bei regelmäßigen Zwischensprints Punkte vergeben. Am Ende gewinnt derjenige Fahrer mit den meisten Punkten – auch dann, wenn er erst als Zweiter über die Ziellinie rollt. Immerhin: Die letzten Sprintpunkte werden doppelt gezählt.

Der sportliche Wert solcher Kriterien ist nicht unumstritten. Sie sind keine offiziellen Rennen des Radsport-Weltverbandes UCI. Die Fahrer kommen nicht, um Weltranglistenpunkte zu sammeln, sondern oft wegen der Geldprämien. Die Kriterien werden oft als „Kirmesrennen" bezeichnet – gerne auch mal mit einem abschätzigen Unterton.

Für die Zuschauer am Streckenrand haben Kriterien jedoch eine Menge Vorteile: Man sieht die Fahrer mehrmals – und nicht nur einmal wie bei einer Tour de France-Etappe. Und: Durch die zahlreichen Zwischensprints gibt es fast keine Rennphase, in der das Fahrerfeld nur langsam um die Kurven rollt.

## Zeitfahren

Ein Mensch, ein Fahrrad, eine Straße – der Kampf gegen die Uhr ist eine ganz besondere Teildisziplin im Radsport. Taktische Spielchen gibt es hier nicht, beim Zeitfahren wird der Radsport in gewisser Hinsicht auf das Wesentliche reduziert: So schnell fahren wie möglich.

Für Mensch und Material stellt dies eine besondere Herausforderung dar. Bei einem Straßenrennen kann man als Fahrer auch mal mitrollen und versuchen, sich erst kurz vor dem Zielstrich an die Spitze zu setzen. Beim Zeitfahren ist das nicht möglich – hier muss man reintreten, und zwar kräftig. Allerdings auch mit seinen Kräften haushalten: Wer auf dem Zielstrich nicht völlig erschöpft ist, heißt es, war nicht schnell genug unterwegs.

Beim Kampf gegen die Uhr wird eine spezielle Ausrüstung eingesetzt. Wichtigster Unterschied: Die Zeitfahrmaschinen müssen weniger Luftwiderstand haben. Für die Fahrer gilt das auch: Sie sitzen dicht über den Lenker gebeugt auf ihrem Sattel und tragen einen aerodynamisch geformten Zeitfahrhelm, der sich tropfenförmig nach hinten verjüngt.

Zwei interessante Unterarten sind das Paarzeitfahren und das Mannschaftszeitfahren – hier sind die Fahrer gemeinsam mit ihren Teamkollegen unterwegs und dürfen den Windschatten ihres Vordermannes nutzen, um Kraft zu sparen. Das Ergebnis: Eine noch schnellere Durchschnittsgeschwindigkeit.

Zeitfahrstrecken sind kürzer als normale Etappen, sie sind mal 15 Kilometer lang, mal 55 – und mittlerweile ein wesentlicher Bestandteil von Rundfahrten. Diese Spezialdisziplin trägt auch dazu bei, den Wettbewerb zu entscheiden: Schlechte Zeitfahrer haben fast keine Chance, ein Rennen wie die Tour de France oder den Giro d'Italia zu gewinnen.

Zeitfahren werden meistens auf flachen Strecken ausgetragen, manchmal jedoch auch auf richtig steilen. Solche Bergzeitfahren sind für die Zuschauer zwar ein Vergnügen, für die Fahrer allerdings eher nicht – sie müssen beim Bergzeitfahren so schnell wie möglich beispielsweise von 650 auf 1850 Meter Höhe strampeln.

Eine besondere Variante des Zeitfahrens ist der so genannte Stundenweltrekord auf der Bahn: Hier versucht man innerhalb einer Stunde eine möglichst weite Strecke zurückzulegen. Den ersten Rekord stellte übrigens Tour-Begründer Henri Desgrange auf mit 35,325 km. Darüber können heutige Rekordaspiranten nur lachen: Der Tscheche Ondrej Sosenka stellte am 19. Juli 2005 in Moskau im Olympischen Radstadion Krylatskoje einen neuen Rekord über 49,7 km auf.

# BMX / Trickbike

Das Jahr 1973 gilt heute als Geburtsjahr des Mountainbike-Sports. Die Pioniere rasten die Schotterpisten des kalifornischen Mount Tamalpais mit Fahrrädern der Marke Schwinn Cruiser herunter. Die waren völlig anders gebaut als heutige Sporträder, nämlich eher für das gemütliche und gediegene Umherrollen angelegt. Dafür waren die Cruiser stabil gebaut – und hatten dicke Ballonreifen, waren also um einiges geländetauglicher als herkömmliche Räder. Sie läuteten einen Generationenwechsel ein: Bis zu diesem Zeitpunkt waren Rennräder der einzige Radtyp, der für sportliche Zwecke benutzt wurde. Der technische Fortschritt war unaufhaltsam – heute gibt es eine hoch spezialisierte Mountainbike-Industrie.

In diesem jungen, aber boomenden Teilbereich des Radsports wird zwischen verschiedenen Disziplinen unterschieden. Beim Downhill-Rennen zum Beispiel geht es nur bergab, beim Dual-Slalom fahren zwei Fahrer ein Ausscheidungsrennen gegeneinander, Cross Country führt über Rundkurse. Mal bergauf, mal bergab. Ebenfalls im Programm: Der Mountainbike-Marathon, der über eine Langdistanz von mindestens 110 Kilometern führt – und die Fahrer über mehrere tausend Höhenmeter zwingt.

Cross Country ist die bedeutendste Teildisziplin – und seit Athen 1996 olympisch. Die Rennen werden auf Rundkursen mit einer Länge von 4,5 bis 6 Kilometern ausgetragen, der Asphaltanteil der Strecke sollte weniger als ein Zehntel betragen. Die Weltcup-Rennen der Männer dauern etwa 120 Minuten, die der Frauen 105. Sobald die erste Rundenzeit feststeht, legt das Kampfgericht fest, wie viele Runden insgesamt zu fahren sind. Die Weltcup-Serie ist nach den Olympischen Spielen und der Weltmeisterschaft der Jahreshöhepunkt im Kalender der Sportler.

Cross Country Kurse können tückisch sein – mit steilen Anstiegen und technisch anspruchsvollen Abfahrten. Sie sind so konzipiert, dass die Fahrer auch technisch schwierige Abschnitte bewältigen können, ohne abzusteigen und ihr Rad zu tragen, ganz im Gegensatz zum Querfeldeinsport. Ein Cross-Country-Fahrer muss nicht nur kräftig und ausdauernd sein, sondern auch technisch sehr beschlagen – um auch mal eine steile Abfahrt über Wurzelwerk meistern zu können. Dieser Abwechslungsreichtum

und der harte Kampf um Positionen machen die Attraktivität dieser Disziplin aus.

Downhill bedeutet sinngemäß soviel wie Abfahrt – und zwar in einem höllischen Tempo. Über erfolgreiche Downhill-Fahrer sagt man, dass sie ihr Gehirn am Start abgeben müssten: Das Rennen gewinnt derjenige, der eine Bergabfahrt auf einer abgesperrten Strecke am schnellsten bewältigt. Manchmal entscheiden Zehntelsekunden über Sieg oder Niederlage, in einem Gelände, das gespickt ist mit Steinen, Wurzelwerk, losen Ästen und anderen Hindernissen, die bei Geschwindigkeiten von bis zu 80 Kilometern pro Stunde umfahren oder übersprungen werden müssen: Absolute Fahrradkontrolle ist das A und O im Downhillsport.

Die Schwierigkeit für die Fahrer besteht darin, den schmalen Grat zwischen maximalem Tempo und geringer Sturzgefahr zu finden. Downhill-Räder sind deutlich schwerer als normale Mountainbikes. Sie wiegen zwischen 18 und 22 Kilogramm, haben in der Regel maximal neun Gänge und sind aufgrund ihrer speziellen Vollfederung fürs Bergauffahren ungeeignet. Downhill ist die gefährlichste und spektakulärste Form des Mountainbikesports – bei der es immer wieder zu lebensgefährlichen Stürzen kommt.

Beim Dual Slalom treten zwei oder mehr Rennfahrer auf zwei nebeneinander liegenden Abfahrtsstrecken gegeneinander an. An einem Tag werden mehrere Wettkämpfe gefahren, die Sieger qualifizieren sich für das Finale – dort zählt nicht die Zeit, sondern die Frage lautet: Wer rollt zuerst über den Zielstrich?

Der junge Mountainbike-Sport hat mit dem 1980 im Elsass geborenen Julien Absalon schon eine Legende hervorgebracht. Der Franzose gilt als bester Mountainbiker aller Zeiten – mit einem Olympiasieg, sechs Weltmeistertiteln und drei gewonnenen Europameisterschaften. Absalon gilt nicht nur als ausdauernder Fahrer und exzellenter Techniker, sondern bringt noch eine andere, höchst wichtige Eigenschaft mit: Er liebt schlammige Pisten und Regenwetter.

# Cross

Auf zwei Rädern über Stock und Stein? Das gab es schon vor der Erfindung des Mountainbikes. Cyclocross, Querfeldeinfahren oder Radcross nennt sich die Disziplin, bei der – leicht modifizierte – Rennräder über Waldwege und durch Schlammpfützen geprügelt werden. Bevorzugt übrigens im Winter. Das war lange Zeit auch die Grundlage dieses Sports: Straßenrennfahrer hatten verzweifelt nach einer Möglichkeit gesucht, auch in der kälteren Jahreszeit trainieren zu können.

Die Strecken beim Querfeldeinfahren sind kurz, meistens nur wenige Kilometer lang, dafür aber umso tückischer. Ein Klassiker sind kurze, aber dafür extrem steile Abschnitte und Hindernisse, bei denen die Fahrer absteigen und ihr Rad schultern müssen. An anderen Stellen auf der Strecke wird den Fahrern maximale, fast schon virtuose Radbeherrschung abverlangt – zum Beispiel dann, wenn das Rad auf nassem Laub in eine enge Kurve gezwungen werden muss. Bei voller Fahrt natürlich. Ohne zu stürzen – und natürlich auch, ohne Zeit zu verlieren.

Es sind übrigens Rennräder, mit denen die Crosser auf die Piste gehen – das ist vor allem am Lenker deutlich zu erkennen. Allerdings sind diese Räder in einigen wesentlichen Punkten modifiziert: Die Reifen sind breiter und grobstolliger, hinzu kommt, dass die Rahmen und Laufräder beim Feld-, Wald- und Wiesen-Rennrad stabiler sind als beim Straßenrad. Cross-Räder haben oft auch noch einen zweiten Bremsgriff am Oberlenker. Manchmal ist das Oberrohr zusätzlich abgeflacht. So können die Fahrer ihr Rad besser schultern, wenn sie schlammbeschmiert einen steilen Hügel hinaufhetzen.

Radcross hat sich vom Lückenbüßer im Winter mittlerweile zur eigenständigen Disziplin entwickelt – mit eigenen Landes- und Weltmeisterschaften. Die erste WM fand 1950 in Paris statt, Sieger wurde damals der Franzose Jean Robic. Doch nach wie vor gilt das Querfeldeinfahren auch als beliebter Ausgleich im Winter – nicht nur für Straßenfahrer, sondern auch für Mountainbiker.

# Indoor

## Bahnrennen

Im höchsten Bereich menschlicher Leistungsfähigkeit werden Bahnwettbewerbe ausgetragen. Deshalb verfügt das dafür vorgesehene Bahnrad über verschiedene technische Eigenschaften, die es dem Fahrer ermöglichen auch auf engem Raum reaktionsschnell zu agieren.

Das protzige Zubehör anderer Radtypen ist nicht zu finden, da es die Geschwindigkeit nur negativ beeinflusst. Besondere Bedeutung hat die Wendigkeit, die durch den kurzen Radstand von unter 95 cm und einen steilen Steuerwinkel von über 74 Grad erreicht wird.

Um die Gefahr eines Sturzes zu verringern, hat das Bahnrad einen starren Gang und damit keinen Freilauf. Der Fahrer muss durchgehend in die Pedale treten, bekommt dadurch aber zusätzliche Stabilität. Es gibt es auch keine Schaltung, die bei diesem Sport nur für Reibungsverluste im Getriebe sorgen würde. Die Kette, Ritzel und das Kettenblatt sind sowieso auf bessere Führungseigenschaften und einen perfekten Antritt ausgelegt.

Da es beim Bahnrennen um Schnelligkeit geht, wird auch auf spezielle Bremssysteme verzichtet. Die Reduzierung der Geschwindigkeit ist aufgrund des starren Gangs durch das „Abkontern", also leichtes Gegentreten mit

Muskelkraft möglich. Um nicht mit einem langsameren Konkurrenten zu kollidieren, weichen Bahnrennfahrer einfach aus.

Dank ihrer stabilen 27-Zoll-Schlauchreifen, die besonders griffig und leichtlaufend sind, müssen sie sich dabei keine Sorgen machen. Im Gegensatz zu üblichen Fahrradreifen ist der Protektor bei diesen Versionen weiter heruntergezogen und erleichtert die Kurvenfahrten.

Damit die Bereifung absolut sicher an der Felge sitzt, wird sie mit speziellen Klebstoffen befestigt. Auch an den Speichen gibt es Verlötungen an den Kreuzungsstellen, um Brüche zu vermeiden. Um den Luftwiderstand zu minimieren haben Bahnräder eine geringere Anzahl an Speichen: anstatt 36 sind es 24 oder weniger. Eine ähnliche Funktion hat auch der aerodynamische Lenker der dem eines Rennrades durchaus ähnlich ist, aber noch tiefer nach unten ausgestellt wird. Er fordert die gebeugte Haltung der Fahrer, die so höhere Geschwindigkeiten erreichen.

Hilfreich ist hier zudem der nach unten geneigte Sattel, der diese Haltung noch unterstützt und eine positive Wirkung auf die Trittfrequenz hat. Diese liegt bei etwa 110 bis 150 Umdrehungen in der Minute. Andere Übersetzungen, die das Bahnrad auch bei weniger Aufwand schneller machen, werden als kraftraubend empfunden und verschlechtern die Beweglichkeit. Profis feilen deshalb präzise an den einzelnen Komponenten ihres Vehikels, um ein perfektes Setting zu erreichen. Die Bahnräder sind auf normalen Straßen nicht zugelassen. Für Interessierte empfiehlt sich der Weg zu einem der zahlreichen Vereine.

# Radball

Erster Eindruck: Fußball hoch zu Ross – das könnte man als unbedarfter Zuschauer jedenfalls denken, wenn man zum ersten Mal ein Radballspiel sieht. Die Sportler bewegen sich auf ihren Rädern mal vorwärts und mal rückwärts, dann stehen sie wieder auf der Stelle – und versuchen, einen Ball ins Tor zu schießen oder auch nur zu schieben.

Es treten an: Zwei Mannschaften mit je zwei Spielern, auf einem 14 mal 11 Meter großen Feld, das am Rand von einer 30 Zentimeter hohen Bande umgeben ist. Meistens jedenfalls – es gibt auch größere Varianten. Den 5er-Radball zum Beispiel, mit insgesamt zehn Spielern, die sich auf einem Spielfeld beharken, das so groß ist wie ein Handballfeld. Rasenradball gibt es übrigens auch – der wird dann auf Fußballrasen gespielt. Mit einem Fußball.

Wichtigste Grundregel, wie bei so vielen Ballsportarten: Das Runde muss ins Eckige – in diesem Fall durch Schläge mit dem Rad. Nur der

Torwart darf den Ball mit den Händen spielen.

Die Kunst liegt vor allem darin, das Gleichgewicht zu halten und sich vom Gegner weder aus der Ruhe bringen zu lassen noch vom Rad. Wer den Boden berührt, darf den Ball nicht mehr spielen, bis er eine bestimmte Linie auf dem Spielfeld überfahren hat oder sich einige Meter vom Ball entfernt hat.

So kurios wie der Sport, ist auch dessen Entstehungsgeschichte: Am Ende des 19. Jahrhunderts lief dem bekannten Kunstradfahrer Nicholas Edward Kaufmann ein kleiner Hund vor das Hochrad. Kaufmann schob den Mops sanft mit dem Vorderrad zur Seite – und fand Gefallen an diesem Manöver. Gemeinsam mit einem Kollegen wiederholte er das Kunststück – vor Zuschauern und mit einem Polo-Ball statt eines vierbeinigen, lebendigen Fellknäuels. Die Sportart fand Anklang – das Radball-Spiel war geboren.

# Kunstradfahren

Man sollte sich früh entscheiden, wenn man eine Karriere auf dem Kunstrad anstrebt – und so am besten im zarten Alter von sechs oder sieben Jahren den Grundstein legen. Denn Kunstradfahren bedeutet hartes Training, extreme Anforderungen an die Bewegungskoordination der Athleten und manchmal auch viel Mut.

Das freihändige Stehen auf dem Lenker oder dem Sattel gilt als einfache Übung. Der Sprung vom Sattel auf den Lenker bringt schon einige Punkte mehr von den Kampfrichtern. Insgesamt gibt es ein festgelegtes Repertoire von mehreren hundert verschiedenen Übungen. In einer sechsminütigen Kür müssen die Fahrer zeigen, was sie können.

Dabei ist Kunstradfahren nicht nur Einzelsportart, sondern kann auch in Gruppen, zum Beispiel in einer Zweiergruppe, betrieben werden. Dort gibt es so genannte „Trageübungen", bei denen ein Fahrer den anderen auf den Schultern trägt – und selbst nur mit einem Rad den Boden berührt. In Vierer- und Sechsergruppen liegt der Schwerpunkt eher im Fahren von bestimmten Figuren, quasi wie Synchronschwimmen ohne Wasser.

Bei den Fahrrädern handelt es sich natürlich um Spezialanfertigungen. Ohne Bremsen, ohne Gangschaltung, mit einer starren Übersetzung – wer andersherum tritt, fährt rückwärts. Die Lenker erinnern an Rennradlenker, mit einer Ausnahme: Sie sind nicht nach unten gebogen, sondern nach oben.

# Die wichtigsten Rennen

## Kampf um die Radsport-Kronen

Radsport, heißt es gerne, ist der einzige Sport, in dem die Sportler zu den Zuschauern kommen. Die Rennen führen durch große Städte und durch kleine Dörfer, vorbei an Wohnungen und Fabriken, an Bauernhöfen und Einkaufszentren – manchmal auch durch verschlafene Nester in den Bergen. Kurz: Sie führen direkt zu den Fans.

Das ist mit ein Grund für die enorme Popularität des Radsports – ob es sich nun um eine mehrwöchige Landesrundfahrt handelt oder um ein Rennen, das nach einigen Stunden zu Ende ist. Im Radsport-Kalender haben beide Arten von Wettbewerben ihren festen Stellenwert.

Da gibt es zum Beispiel die Landesrundfahrten. Sie sind mal größer, wie die Tour de France, oder mal eher kleiner, wie die Polen-Rundfahrt. Ihnen gemeinsam ist, dass es sich um eine Serie von mehreren Einzelrennen handelt, bei denen am Ende derjenige gewinnt, der insgesamt am wenigsten Zeit für die gesamte Strecke benötigt hat. Hinzu kommen verschiedene Spezialwertungen, zum Beispiel die für den besten Bergfahrer oder die für den besten Sprinter.

Dann gibt es noch die Eintagesrennen. Viele von ihnen können auf eine lange und ruhmreiche Geschichte zurückblicken – Paris-Roubaix zum Beispiel, eines der fünf Monumente des Radsports. So nennt man die fünf bekanntesten Eintagesrennen – zwei davon werden in Italien ausgetragen, zwei in Belgien, eines in Frankreich.

Die größten Profirennen sind in einer Rennserie zusammengefasst, der so genannten „ProTour". Diese wird vom Radsport-Weltverband UCI organisiert. Je nach Ergebnis und Bedeutung eines Rennens erhalten die Fahrer Punkte gutgeschrieben. Am Ende gibt es einen Gesamtsieger – dessen Bedeutung ist jedoch umstritten: Ein Sieg bei Paris-Roubaix oder der Tour de France gilt mehr als fleißiges ProTour-Pünktchensammeln.

Die Straßenrennen können auf die längste Tradition zurückblicken – was man schon daran erkennt, dass es von vielen früheren Wettkämpfen nur Schwarz-Weiß-Fotografien oder Zeichnungen gibt. In den letzten Jahrzehnten hat sich der Radsport ausdifferenziert. Mittlerweile gibt es Cross-Country-Rennen, Mountainbike-Wettbewerbe und auch BMX-Rennen. In den letzten Jahren gewann auch der Frauen-Radsport mehr und mehr an Popularität, obwohl er natürlich – wie der Frauenfußball – im Vergleich eher ein Nischendasein fristen muss.

# Tour de France

Sie ist das Radrennen schlechthin: Die Tour de France. Ein Sportereignis der Superlative, das niemanden kalt lässt – am allerwenigsten die Fahrer. „Zur Tour empfindest du eine Haßliebe", sagte der Engländer Sean Yates einmal. „Aber erst, wenn du im nächsten Jahr wieder da bist, erinnerst du dich daran, wie sehr du sie wirklich verabscheust."

Yates ist nicht irgendjemand – 1994 führte er kurzzeitig die Gesamtwertung an beim größten, schwersten und „mörderischsten" Radrennen der Welt. Rund 21 Etappen müssen die Fahrer zurücklegen, 3500 Kilometer innerhalb von 21 Tagen. Mal in der Hitze der Provence, mal am windigen Nordatlantik, mal in der dünnen Luft der Alpen und Pyrenäen.

Die Tour gibt es seit 1903. Organisator damals war Henri Desgrange, ein Sportjournalist. Er wollte für seine Leser ein spannendes Sportereignis inszenieren und ihnen Anlass geben, die Zeitung „L'Auto" zu kaufen. Ein talentierter Fahrer war er übrigens auch – und sollte sich als begabter Organisator erweisen. Wenn auch als ein harter.

In der heutigen Zeit müssen die Fahrer an einem Tag mal 170 Kilometer zurücklegen, mal 227. Recht lange Strecken also, im historischen Vergleich jedoch kaum: In der Zeit vor dem Ersten Weltkrieg war eine Wegstrecke durchaus einmal 400 Kilometer lang. Mit der Zeit wurden die Tagesabschnitte immer kürzer, die Durchschnittsgeschwindigkeit stieg hingegen an – wurde die erste Tour noch mit einem Schnitt von rund 26 Kilometern pro Stunde absolviert, erreichen die Fahrer heute Durchschnittsgeschwindigkeiten von über 40 Kilometer pro Stunde.

Der Sieger nimmt am Ende das maillot jaune mit nach Hause, das berühmte Gelbe Trikot. Andererseits gilt traditionell jeder Fahrer, der das Rennen beendet, auf seine Art ebenfalls als Sieger. Wer nach vier Wochen, Ruhetage mitgezählt, schließlich in Paris ankommt und dort vor tausenden Zuschauern über die Champs-Elysées brettert, darf sich zu Recht als Gigant der Landstraße fühlen – und hat oft Schlimmes mitgemacht.

1910 entstand bei den Organisatoren die Idee, die Fahrer über die Pyrenäen zu hetzen – auch über den 2115 m hohen Tourmalet. Octave Lapiz war der erste Fahrer, der die Passhöhe erreichte. „Mörder!" schrie er, als er die Tour-Verantwortlichen am Straßenrand stehen sah, „ihr verdammten Mörder!"

Die Frankreich-Rundfahrt hat auch schon Todesopfer gefordert. Tom Simpson zum Beispiel – er starb 1967, an einem extrem heißen Tag, kurz unter dem Gipfel des Provence-Riesen Mont Ventoux, vollgepumpt mit Amphetaminen. Seine letzten Worte, wird erzählt, lauteten: „Setzt mich wieder auf mein Rad." Heute steht ein Gedenkstein an dieser Stelle – viele Hobbyradler, die auf den Ventoux fahren, lassen dort im Gedenken an Simpson eine Trinkflasche zurück.

Die Tour ist eines der Radrennen, die ihre Sieger unsterblich machen. Der Amerikaner Lance Armstrong konnte die Rundfahrt zwischen 1998 und 2005 sieben Mal gewinnen und ist damit einsamer Rekordhalter. Vier Fahrer nahmen das Gelbe Trikot fünf Mal mit nach Hause: Der Franzose Jacques Anquetil (zwischen 1957 und 1964), der Belgier Eddy Merckx (1969–1974), der Franzose Bernard Hinault (1978–1985) und der Spanier Miguel Indurain (1991–1995). Sie alle sind mittlerweile Legenden – und ein fester Teil der Tour-Geschichte.

Übrigens ist die Tour de France vom Profil her nicht schwerer als zum Beispiel die Italien-Radfahrt. Es sind psychologi-

sche Aspekte, die das Rennen so schwer machen. Wer bei
der Tour antritt, ist hochmotiviert. Bei keinem anderen Rennen wird schneller gefahren, bei keinem anderen Rennen
geht es härter zu – und gekämpft wird um jede Etappe.

An der Spitze jedenfalls. Hinten geht es oft genug ums
blanke Überleben. Darum, nicht zu viel Zeit auf den Sieger
zu verlieren und disqualifiziert zu werden. Denn auch Fahrer, die keine Chancen mehr auf den Gesamtsieg haben,
werden von ihren Teams gebraucht – als Helfer zum Beispiel. Sie bringen ihren Kapitänen während des Rennens
Wasserflaschen oder geben ihnen Windschatten. Straßenradsport ist Teamsport – und Preisgelder werden traditionell zwischen allen Fahrern aufgeteilt.

# Giro d' Italia

Er ist das wichtigste Etappenrennen Italiens und das zweit-
wichtigste der Welt. Die erste Austragung fand 1909 statt.
Seit Mitte der 90er Jahre wird der Giro im Mai ausgetragen,
früher ging er im September über die Bühne – zu einem
Zeitpunkt, an dem heute die Spanienrundfahrt ausgetragen
wird. Seit 1988 wird das Rennen auch für Frauen (als Giro
d' Italia Femminile) ausgetragen.

Die dreiwöchige Rundfahrt durch Italien hält Flach-
etappen für Sprinter bereit, mittelschwere Teilstücke für
Ausreißer und Ausflüge ins Hochgebirge, bei denen die
drahtigen „Kletterflöhe" und „Bergziegen" brillieren können. Ebenfalls im Programm: Zwei Einzelzeitfahren. Der
Führende in der Gesamtwertung
trägt das Maglia Rosa, das italienische Pendant zum Gelben Trikot
bei der Tour de France.

Den Rekord von jeweils fünf
Gesamtsiegen beim Giro d' Italia
halten drei Rennfahrer-Legenden:
Die Italiener Alfredo Binda (zwischen 1925 und 1933) und Fausto
Coppi (zwischen 1940 und 1953)
und der Belgier Eddy Merckx,
genannt „Kannibale". Er errang
seine Siege zwischen 1968 und
1974. Mario Cipollini konnte 42
Etappensiege feiern.

Der Giro endet traditionell in Mailand. Und steht doch etwas im Schatten der übermächtigen Tour de France: Die Favoriten für einen Podiumsplatz bei der Frankreich-Rundfahrt fahren den Giro oft nur etwas verhalten – wenn überhaupt.

Den italienischen Fans ist das egal. Wenn der Giro-Tross durch Italien rollt, herrscht Ausnahmezustand. Die Tifosi schmücken die Häuser mit rosa Girlanden und feuern die Rennfahrer frenetisch an. Das Rennen hat vor allem für Italiener eine gewaltige Bedeutung: „Um in Italien wahrgenommen zu werden", hat ein Betreuer eines Profi-Teams einmal gesagt, „musst du den Giro gewinnen."

Und das ist verdammt schwer. Denn um zu siegen, muss beispielsweise der legendäre Berg Monte Zoncolan in den italienischen Alpen bezwungen werden, der in der Radsportszene als „Mauer von Europa" bekannt ist. Er ist eine tückische Ansammlung steiler Rampen mit Steigungen von bis zu 22 Prozent. Schon am Vorabend des Aufstiegs ist der Berg mit so vielen Fans bevölkert, dass kaum mehr ein Durchkommen ist. 2003 musste der Monte Zoncolan zum ersten Mal im Rahmen des Giro erklommen werden. Seitdem steht er regelmäßig auf dem Tourplan.

## Vuelta a España

Von den drei großen Landesrundfahrten ist sie die letzte im Kalender – die Vuelta a España. Sie findet im September statt und dauert drei Wochen, die Fahrer müssen 3000 Kilometer zurücklegen. Wie die Italienrundfahrt steht auch die Spanien-Schleife im übermächtigen Schatten der großen Tour de France. Wichtiger Unterschied: Der Führende in der Gesamtwertung trägt kein Gelbes Trikot, sondern ein Goldenes.

Die erste Vuelta fand 1935 statt, seit 1955 wird das Rennen jährlich ausgetragen. Fand es ursprünglich im Frühjahr statt, so wurde das Rennen Mitte der 90er Jahre in Richtung Saisonende verlegt. Die Strecke ändert sich in jedem Jahr, die Rundfahrt ist jedoch bekannt für ihr hügeliges bis bergiges Streckenprofil – in der Vergangenheit waren es daher sehr oft Kletterer, die das Goldene Trikot mit nach Hause nehmen konnten.

Eine Gemeinsamkeit hat die Vuelta mit der Tour: Sie endet in der Landeshauptstadt. Wenn die Vuelta-Fahrer in Madrid ankommen, haben sie – in manchen Jahren jedenfalls – eine der härtesten Prüfungen bewältigt, mit denen der Profi-Radsport aufwarten kann: Den Alto de Angliru in Asturien.

Dabei handelt es sich um einen Anstieg in Nordwestspanien, der die Fahrer auf eine Höhe von 1570 Meter über den Meeresspiegel führt. Sicher: Bei der Tour werden Berge gefahren, die um 1000 Meter höher sind. Allerdings beginnt die Straße Richtung Alto de Angliru bereits in 300 Meter Höhe – und zwingt die Fahrer am Ende über Rampen mit über 20 Prozent Steigung.

Der Alto de Angliru ist jedoch alles andere als ein Traditionsanstieg: Ins Programm genommen wurde er erst 1999. Die Organisatoren der Rundfahrt suchten nach einer Bergankunft, die sich vor den Alpenriesen der Tour und des Giro nicht zu verstecken braucht. Sie hatten sie gefunden: „Verglichen mit ihm", sagte José Maria Jiménez „sind alle anderen klassischen Berge des Radsports das reinste Kinderspiel." Immerhin: Jimenez war derjenige, der die Etappe auf den Alto de Angliru damals gewann.

# Straßenrad-Weltmeisterschaft

Eine ganz große Ausnahme in der Liste der wichtigsten Profi-Radrennen: Die Weltmeisterschaft wird in jedem Jahr an einem anderen Ort ausgetragen. Außerdem treten keine Profi-Teams an, sondern Nationalmannschaften. Um eine Menge Geld und Prestige geht es aber auch hier: Der Sieger darf bis zur nächsten WM das Weltmeistertrikot tragen, ein weißes Leibchen mit einem regenbogenfarbenen Streifen.

Das bringt Prestige mit sich. Trotzdem: Der Schatten, den die Tour de France auf die Radsportwelt wirft, ist erdrückend. „Die Weltmeisterschaft und die Spanienrundfahrt sind der Trost der Angsthasen und der Verlierer", sagte der Fahrer Urs Zimmermann einmal, der 1986 Dritter bei der Tour de France wurde.

Kurz gesagt: Das Gelbe Trikot, das sich der Tour-Sieger überziehen darf, zählt mehr als das Regenbogen-Trikot. Hinzu kommt ein weiteres Problem: Die Weltmeisterschaft findet seit Mitte der 90er Jahre Anfang Oktober statt, also zum Ende der Straßensaison. Zu diesem Zeitpunkt haben viele Rennfahrer ihre Saison bereits beendet. Trotzdem gilt die Straßen-WM neben der Tour und dem Giro d' Italia als wichtigstes Rennen.

Die Weltmeisterschaft besteht aus zwei Teilen: einem Zeitfahrwettbewerb und einem Straßenrennen, das die Fahrer über einen Rundkurs von rund 250 Kilometern Länge jagt. Flankierend zur Weltmeisterschaft der Profis finden auch die Wettbewerbe der U23-Fahrer statt, der Nachwuchsfahrer.

Ob ein Fahrer an der WM teilnehmen darf, richtet sich nach der Weltrangliste des Radsportverbandes UCI. Die neun erfolgreichsten Nationen wie Italien, Spanien, Belgien oder Deutschland dürfen neun Fahrer entsenden, Radsport-Länder wie Tunesien, Usbekistan oder Estland nur drei.

Ausgetragen wird die Weltmeisterschaft seit 1927, das erste Rennen fand auf dem Nürburgring statt. Im Gegensatz zur Tour de France konnte kein Fahrer die WM häufiger als drei Mal gewinnen – das gelang dem Italiener Alfredo Binda, den Belgier Rik van Steenbergen und Eddy Merckx sowie dem Spanier Oscar Freire.

## Paris-Roubaix

Sie ist auch bekannt als „Hölle des Nordens" oder „Königin der Klassiker" – Paris-Roubaix ist ein Mythos. Und eine Tortur. Die Fahrer müssen rund 250 knochenharte Kilometer zurücklegen, einen Teil davon auf Kopfsteinpflaster: den so genannten Pavé-Sektoren. Das Rennen wird seit 1896 ausgetragen, und zwar an Ostern – damals protestierte die Kirche noch gegen den Termin, allerdings vergebens.

Die Streckenführung ist im Prinzip in jedem Jahr die gleiche, von kleinen Änderungen einmal abgesehen. Der Name des Rennens ist mittlerweile nur noch Tradition: Seit 1977 wird nicht mehr in Paris gestartet, sondern in Compiégne, rund 80 Kilometer nördlich der Hauptstadt. Das Ziel befindet sich jedoch immer noch in Roubaix – und zwar im Velodrome, einer alten Radrennbahn in einer 100 000-Einwohner-Stadt nahe der belgischen Grenze. Wie auch Mailand-San Remo zählt das Rennen zu den fünf „Monumenten" des Radsports.

Charakteristisch für das Rennen sind die langen Kopfsteinpflaster-Passagen. Sie stammen zum Teil noch aus dem 19. Jahrhundert und werden von der französischen Regierung und einigen begeisterten Radsportfans extra für das Rennen liebevoll gepflegt. Glück für die Zuschauer, Pech für die Fahrer – sie werden nämlich kräftig durchgeschüttelt. Gefährlich wird es bei Regen, denn nasses Kopfsteinpflaster kann extrem rutschig sein. Dramatische Stürze sind daher schon fast ein Markenzeiches des Rennens. Reifenpannen auch. Berühmt-berüchtigt ist auch der Wald von Arenberg, der nach etwa zwei Dritteln des Rennens auf die Fahrer wartet. Ein Pavé-Stück, das eng ist, holprig und 2400 Meter lang – und aus Sicherheitsgründen auch schon mal aus dem Streckenplan gestrichen worden war.

Paris-Roubaix ist eines der Rennen, bei dem Fahrer zu Helden werden – und Helden gerne auch mal zu Verlierern. Für spannende Anekdoten ist der Klassiker sowieso immer gut. 2006 zum Beispiel: Da schloss sich, kurz vor dem Ziel, eine Bahnschranke vor einigen Radrennfahrern. Die fuhren trotzdem weiter – und wurden anschließend disqualifiziert.

## Mailand-San Remo

Lang, länger, Mailand-San Remo: 290 Kilometer haben die Fahrer am Ende des Tages auf dem Tacho stehen, wenn sie – ermüdet, ermattet, erschöpft – im italienischen Riviera-Kurort San Remo ankommen. Das Rennen, das seit 1907 ausgetragen wird, ist traditionell das längste Eintagesrennen im Profi-Kalender.

Beiname: La Primavera – Mailand-San Remo ist für den Profiradsport die Fahrt in den Frühling und gleichzeitig ein frühes Kräftemessen. Vor allem für die Sprinter: Die Strecke ist, mit wenigen Ausnahmen, topfeben. Ausreißer haben es schwer, ihren Kontrahenten davonzufahren – meistens endet das Rennen in einem Massensprint auf der Zielgeraden.

Meistens, aber nicht immer – denn die Entscheidung kann auch schon früher fallen. Denn trotz des flachen Streckenprofils haben die Veranstalter einige Berge eingebaut. Den Cipressa zum Beispiel, 20 Kilometer vor dem Ziel, mit einer Höhe von 240 Metern. Oder den Poggio, sechs Kilometer vor der erlösenden Zielgeraden – er ist 160 Meter hoch. Die schwerste Prüfung wartet zur Halbzeit des Rennens auf die Fahrer: Der 530 Meter hohe Passo del Turchino.

Mailand-San Remo gehört – wie Paris-Roubaix, die Flandern-Rundfahrt, Lüttich-Bastogne-Lüttich und die Lombardei-Rundfahrt – zu den so genannten „Fünf Monumenten" des Radsports. Wesentliche Unterschiede: Die Straßen sind neu und breit, Kopfsteinpflaster gibt es nicht. Und: Das italienische Rennen startet wirklich in Mailand – und nicht wie Paris-Roubaix 80 Kilometer weiter nördlich.

Spektakulär führen einige Passagen direkt an der Riviera entlang, was in jedem Jahr ansprechende Bilder für Fernsehen und Zeitungen produziert. A propos: Wie auch die Tour de France wird Mailand-San Remo von einer Zeitung veranstaltet – in diesem Fall von der italienischen Gazzetto dello Sport.

Große Rennen, große Sieger – das gilt auch für La Primavera: Der Belgier Eddy Merckx konnte den Wettkampf in den 60er und 70er Jahren insgesamt sieben Mal gewinnen.

## Sechstagerennen

Die besten Bahnspezialisten auf der nächtlichen Jagd um Runden und Punkte: Sechstagerennen sind die wohl populärste Form von Bahnrennen. Sie finden im Winter in Hallen statt und werden – wie der Name schon sagt – über einen Zeitraum von sechs Tagen ausgetragen. 12 bis 15 Zweier-Mannschaften nehmen teil. Der sportliche Wert ist jedoch umstritten, da die Wettkämpfe in große Unterhaltungsveranstaltungen eingebunden sind: Show, Musik, Volksfeststimmung – Sixdays sind ein Stilmix aus Spitzenradsport und Entertainment.

Das erste Sechstagerennen fand 1899 im New Yorker Madison Square Garden statt – damals fuhren die Fahrer

noch sechs Tage ohne Unterbrechung, also wirklich Tag und Nacht. Mittlerweile beginnen die Rennen nur noch abends, dauern aber oft bis in die frühen Morgenstunden.

Es werden verschiedene Disziplinen ausgetragen: Zweier-Mannschaftsfahren über 30, 45 und 60 Kilometer, die so genannten Jagden. Derny-Rennen im Windschatten von Motorrädern. Punktefahren. Ausscheidungsrennen. Jeder Rennfahrer nimmt an den verschiedenen Disziplinen teil. Schwerpunkt: Das Zweier-Mannschaftsfahren. Die Fahrer wechseln sich ab. Einer sprintet um Punkte und versucht, Rundengewinne zu erzielen, während sich der andere ausruht. Die Ablösungen laufen raffiniert ab: Der Fahrer, der sich gerade im Rennen befindet, gibt seinem Partner den Schwung mit – er zieht ihn mit ausgestrecktem Arm nach vorne und lässt sich dann selbst zurückfallen.

Bekannt sind vor allem die Sechstagerennen in Dortmund, Berlin, Bremen, Stuttgart, München, Grenoble, Kopenhagen, Amsterdam, Rotterdam, Zürich und Gent. Die Begeisterung für diese Art Radsport ließ in den letzten Jahren jedoch mehr und mehr nach.

Bruno Risi und Kurt Betschart sind das erfolgreichste Sechstage-Fahrerduo aller Zeiten: Risi ist fünffacher Weltmeister im Punktefahren, außerdem noch Welt- und Europameister im Zweier-Mannschaftsfahren. Der Schweizer ist bekannt für seine tempoharten Antritte und ausdauernden Sprints. 37 Siege bei Sechstagerennen hat Risi mit seinem Rennpartner und Landsmann Kurt Betschart errungen – das ist einsamer Weltrekord!

# Olympische Spiele

1896 war es soweit: Die ersten Olympischen Spiele der Neuzeit fanden in Athen statt. 262 Athleten – ausschließlich Männer – traten in insgesamt neun Sportarten gegeneinander an. Auch im Fahrradsattel: Zum einen auf der Bahn, in einem eigens dafür gebauten Velodrom, zum anderen in einem Straßenrennen. Auf der traditionsreichen Strecke von Athen nach Marathon und wieder zurück musste eine Gesamtdistanz von 87 Kilometern gefahren werden.

Radsport blieb ein Kernbestandteil der Olympischen Sommerspiele. Auf der Straße wie auf der Bahn. Mit minimalen Änderungen: Wettbewerbe im Mannschaftszeitfahren werden nicht mehr ausgetragen, die kürzeren Zeitfahren auf der Bahn wurden ebenfalls aus der Liste gestrichen. Andere Disziplinen kamen hinzu. Mountainbike zum Beispiel – Cross Country ist seit 1996 olympisch. Für die Wettbewerbe 2008 in Peking nahmen die Organisatoren zum ersten Mal die BMX-Race-Sparte in den Kalender auf.

Der Stellenwert eines Triumphes bei den Olympischen Spielen ist hoch, wenn auch um einiges niedriger als der eines Gesamtsieges bei der Tour de France – so wie immer im Radsport. Da zwischen den Wettbewerben immer eine Wartezeit von vier Jahren liegt, kann ein Olympiasieg aber durchaus mit einem WM-Titel verglichen werden – obwohl es hier kein schmuckes Regenbogentrikot zu gewinnen gibt. Sowohl die Tour als auch die Olympischen Spiele zählen zu den drei größten Sportereignissen der Welt – gemeinsam mit der Fußball-Weltmeisterschaft.

# Europas schönste Radziele

# Unterwegs mit dem Rad

### Europa einig Radlerland

Europa wächst zusammen – vor allem auch beim Radfahren. Nicht nur, dass es dabei keinen Unterschied macht, welcher Nationalität man ist oder welche Sprache man spricht: Viele der schönsten Radfahrwege verbinden Länder über die Grenzen hinweg – mal im Kleinen wie z.B. die Routen an der deutsch-dänischen Grenze, mal im Großen, wie auf dem Euopa Radweg R1: Von Boulogne-sur-Mer bis St. Petersburg führt er auf über 3500 Kilometern Menschen, Natur und Kultur neun europäischer Länder zusammen. Oder auch der beliebte Donau-Radweg: Er folgt dem Flusslauf von Passau nach Budapest durch vier europäische Länder.

Wer sich aufmacht, Europa vom Fahrradsattel aus zu erleben, trifft in den meisten Ländern auf hervorragende Bedingungen: Perfekt ausgeschilderte Radwege, einzigartige Landschaften und Städte sowie ein herzliches Willkommen prägen den Gesamteindruck. Die folgenden Seiten stellen die schönsten und wichtigsten Radländer in Europa vor und zeigen, welche unglaubliche Vielfalt sich vom Rad aus unmittelbar und naturnah entdecken lässt.

# Belgien

## Zentrum des Radfahrens

Belgien ist eine der traditionellen Fahrradnationen Europas – mit großartigen sportlichen Veranstaltungen wie der Flandern-Rundfahrt und einem sehr gut ausgebauten Netz an Fahrradwegen. Diese führen zumeist durch flaches Gelände und eignen sich so auch hervorragend für einen Familienurlaub.

Zu den beliebtesten Radreiseregionen zählt die flämische Provinz Limburg. Über 2000 km Fahrradwege in reizvoller Landschaft warten hier auf Radtouristen, die einen entspannten Urlaub zu schätzen wissen. Die Routen führen an See, Wäldern und Wiesen entlang.

Wer den Norden des Landes mit dem Rad erkunden möchte, für den empfiehlt sich auch die Flandernroute. Die Vlaandern Fietsroute, wie sie auf flämisch heißt, führt genauso durch einsame Heidelandschaften

wie durch faszinierende Kulturstädte, z.B. Antwerpen oder Gent. Wer möchte, kann seinen Radurlaub auch mit einer malerischen Entdeckungsreise verbinden: Zum Angebot gehören nämlich auch spezielle Themenrouten. So kann man beispielsweise auf den Spuren des alten flämischen Meisters Bruegel radwandern. Das Zentrum des Radfahrlandes Belgien liegt zwar in Flandern, aber auch Wallonien im Südwesten des Landes ist dabei, sein Radwegenetz auszubauen und für Radreisende attraktiv zu gestalten.

Insgesamt trifft man in Belgien auf eine hervorragende Rad-Infrastruktur. So kann man beispielsweise entlang der ausgeschilderten Routen zwischen verschiedensten Unterkünften wählen – von der einfachen Wanderhütte bis zum exquisiten Hotel. Im Pannenfall findet man nahezu in jedem Ort Reparaturmöglichkeiten. Vorteilhaft ist zudem, dass das Rad ganz selbstverständlich zum Straßenverkehr gehört – das macht das Radeln sehr entspannt.

# Deutschland

## Ein Land im Fahrradrausch

Das Fahrrad boomt in Deutschland: Rund 70 Millionen Fahrräder rollen hier durch die Lande, und jährlich kommen über 4,5 Millionen neu verkaufte Räder hinzu. Fast die Hälfte aller Deutschen steigt auch im Urlaub gerne mal aufs Rad. Das eigene Land steht dabei hoch im Kurs – kein Wunder, finden sich hier doch nahezu perfekte Bedingungen: Hunderte meist gut beschilderte Routen durchziehen die vielfältigen Landschaften und Städte. Entscheidenden Anteil daran hat, dass die öffentliche Hand in den letzten 15 Jahren fast eine Milliarde Euro in das Radwegenetz investiert hat.

Erst vor kurzem hat man den längsten Radfernweg Deutschlands eröffnet: Auf 1111 Kilometern bietet die Tour Brandenburg eine faszinierende Reise durch die Geschichte entlang einer Vielzahl an Kirchen, Burgen und Schlössern. Am Weg liegen 14 Städte mit historischen Stadtker-

nen, neun Naturparks und Biosphärenreservate, Wald-, Moor- und Kulturlandschaften, zahlreiche Flüsse wie Elbe, Havel und Spree sowie verschiedene Seen.

Die Tour ist bezeichnend für die vielen Radfern- und Radrundwege in Deutschland: Auf über 100 000 Kilometern verbinden sie äußerst abwechslungsreiche Landschaften mit einzigartiger kulturhistorischer Vielfalt. Das Naturspektrum reicht von den Stränden der Ost- und Nordseeküste über die Lüneburger Heide und die Mecklenburgische Seenplatte über die deutschen Mittelgebirge wie Sauerland, Taunus oder Elbsandsteingebirge sowie Schwarzwald und Bayerischer Wald bis hin zu den Alpen. Allerorten finden sich historische Städte und kulturelle Highlights: Romantische Dörfer, pittoreske Altstädte oder pulsierende Metropolen prägen in ganz Deutschland das Bild.

Im breiten Radstreckenangebot finden sich aber auch spezielle Themenrouten: So kann man beispielsweise auf den Spuren der Römer radeln oder aber auch junge deutsche Geschichte nachvollziehen: Der Berliner Mauerweg führt auf 160 km entlang der ehemalige Zonengrenze, die 40 Jahre lang die Welt in Ost und West teilte.

So findet hier jeder beste Bedingungen, seine ganz privaten Vorlieben und Interessen mit einem so spannenden wie erholsamen Radurlaub zu verbinden. Dabei muss man sich noch nicht einmal an die angebotenen Touren halten, allgemein kann man in Deutschland fast jeden Ort gut mit dem Fahrrad erreichen.

Auch das Mountainbiking kommt nicht zu kurz. Gleich mehrere Regionen bieten spezielle Trails für die Fahrten über Stock und Stein an, zum Beispiel im Nationalpark Bayerischer Wald. Hier, im Dreiländereck von Bayern, Böhmen und Österreich, liegt das größte Waldgebiet Europas – ein Eldorado für Mountainbiker.

Doch in Deutschland ist man mit dem Erreichten noch nicht zufrieden. In den nächsten Jahren sollen 12 überregionale Premiumrouten entstehen, die auf über 11000 Kilometern das Land durchziehen. 90 Prozent dieser Strecken existieren bereits – geplant ist, sie alle mit einem D-Logo einheitlich zu beschildern.

# Dänemark

## Sonne, Strand und mehr

Das Bild Dänemarks ist geprägt von herrlichen Küsten, reizvollen Inseln und malerischen Ortschaften. Und genau so kann man das Land entdecken, wenn man sich mit dem Rad aufmacht. Über 8000 Kilometer Radstrecken sind ausgewiesen und führen nahezu in jeden Winkel Dänemarks. Und das nicht nur auf dem Festland, sondern auch auf vielen der kleinen Inseln.

Wer das Land mit dem Bike erkunden möchte, dem empfehlen sich vor allem die elf großen Fernstrecken, die so genannten Nationale cykelrute. Die perfekt mit blau weißen Schildern ausgezeichneten Routen weisen eine ganze Reihe von Knotenpunkten auf, sodass man seine Radreise ganz individuell planen kann. Allein drei von Ihnen führen nach Kopenhagen – und die gesamte Küste lässt sich mit dem Rad abfahren.

Die Strecken lassen sich dabei ohne größere Mühen absolvieren, führen sie doch fast ausschließlich durch flaches Gelände. Sie sind somit auch bestens für Familien mit Kindern oder für Senioren geeignet. Und: In Dänemark kann man hervorragend Rad- und Strandurlaub miteinander verbinden. Die meisten der insgesamt 3500 km langen cykelrute führen von einem Küstenort zum nächsten.

Neben den nationalen Radfernwegen bieten sich weitere Touren an, zum Beispiel das dänisch-deutsche Gemeinschaftsprojekt der Strecke Berlin-Kopenhagen oder spezielle Radrouten entlang der Grenzen zwischen den Nachbarländern.

Der Tourismus ist eine der Haupteinnahmequellen des kleinen Landes im Norden – und dementsprechend findet der Radreisende eine perfekte Infrastruktur vor. Überall im Land warten ausreichend Unterkunftsmöglichkeiten in verschiedenen Kategorien auf Reisende und auch das Radservicenetz lässt wenige Wünsche offen.

# Finnland

## Ebene Routen und steile Trails

Eine Reise nach Finnland mit dem Rad im Gepäck lohnt sich vor allem für zwei Arten von Radtouristen: Familien und Mountainbiker. Denn auf der einen Seite laden gut ausgebaute, ruhige und zumeist flache Strecken zum entspannten Radeln ein, zum anderen warten unberührte Wälder und Hügel darauf, von Offroad-Bikern entdeckt zu werden.

Die ausgewiesenen Radfernwege bieten abwechslungsreiche Routen. Diese führen genauso durch ruhige Landschaften mit Seen und Wäldern wie durch friedliche Ortschaften oder die Hauptstadt Helsinki mit großstädtischem

Flair. In den Städten und längs stark befahrener Straßen gibt es in der Regel eigene Fahrradwege, sodass man eigentlich nur selten direkt mit dem fließenden Autoverkehr in Berührung kommt.

Besonders attraktiv ist es, den Wasserwegen im Binnenland auf der Via Finlandia von Helsinki nach Vaasa an der Westküste zu folgen. Hier trifft man auf einige der schönsten Sehenswürdigkeiten des Landes. Andere sorgfältig ausgearbeitete Routen führen zum Teil in weniger touristisch erschlossene Regionen und laden zum Entdecken weitgehend unbekannter Landstriche ein.

Viele der finnischen Skigebiete verwandeln sich im Sommer in wahre Mountainbike-Eldorados. So finden Mountainbiker beispielsweise in Lahti, Tahko oder Levi markierte und präparierte Trails mit unterschiedlichen Schwierigkeitsgraden vor. An einigen Orten werden darüber hinaus organisierte Mountainbike-Ausflüge angeboten. Dazu gehört unter anderem Süd-Ostrobothnia, wo detailliert geplante Trips durch die beiden Nationalparks Lauhanvuori und Kauhanneva-Pohjankangas führen.

# Frankreich

## Das Heimatland der Tour

Radeln wie Gott in Frankreich – so könnte man einen Radurlaub in der Grande Nation beschreiben: Wunderschöne Landschaften, großartige Kulturstädte und eine hervorragende Gastronomie warten auf den Radbegeisterten, der hier die Qual der Wahl zwischen den verschiedensten Routen und Zielen hat.

Im hohen Norden locken Bretagne und Normandie mit zum Teil anspruchsvollen Touren durch hügelige Landschaften. Entlang der Loire führen die Radwege durch den Garten Frankreichs zu den schönsten Schlössern Europas. Im Südwesten verbreiten alte Städte, mächtige Festungen und stille Klöster das Flair des Mittelalters. Am Atlantik warten herrliche Sandstrände. Und im Elsass radelt man auf einsamen Wegen durch die Bergwelt der Vogesen, vorbei an hübschen Winzerdörfern und romantischen Städten.

In der Provence und der Camargue taucht man ein in das faszinierende Licht und die vielfältigen Farben, die die großen Maler Frankreichs so berühmt gemacht haben. Entlang der Rhône gelangt man zu den Zentren abendländischer Geschichte. Und die französischen Alpen sowie die Pyrenäen warten mit faszinierenden Bergpanoramen auf.

Wer regelmäßig die Berichterstattung über die Tour de France verfolgt, der weiß, welch große Vielfalt das Land dem Radfahrer zu bieten hat. Das Spektrum reicht von den abwechslungsreichen Strecken im Norden über die flachen und gemütlichen Etappen in der Mitte Frankreichs bis hin zu den anspruchsvollsten Bergstrecken der Pyrenäen und der französischen Alpen im Süden.

Hier findet jeder sein ganz persönliches, ideales Radfahrer-Urlaubsziel, und dieses nicht nur aus der Biker-Perspektive.

Für Kulturinteressierte empfehlen sich in allen Landesteilen Routen entlang historischer Städte. Weinliebhaber fahren von Weingut zu Weingut in Medoc und Burgund. Wer die Radferien mit Strandurlaub verbinden möchte, entscheidet sich für die Atlantikküste. Und wer das Radfahren mit kulinarischen Highlights verknüpfen möchte, ist im Elsass oder in der Provence bestens aufgehoben.

Allerdings: Radfahren in Frankreich ist kein bis ins Detail durchstrukturiertes Unterfangen: Es gibt nur vergleichsweise wenige, ausgewiesene Routen mit guter Beschilderung. Wer hier unterwegs ist, stellt sich seine Idealroute meist selbst zusammen oder nimmt an organisierten Radreisen teil.

Anregungen, welche Strecken interessant sein könnten, findet man vor allem bei der Tour de France. Viele ambitionierte Radsportler fahren die Strecken der Tour nach oder suchen sich bestimmte Etappen aus. Darunter gibt es viele Klassiker, die immer wieder von der Tour besucht werden. Hier finden sich meist sehr anspruchsvolle Strecken wie zum Beispiel hinauf auf den Mont Ventoux. Er zählt zu den schwierigsten Anstiegen in Frankreich.

Aber auch Familien können in Frankreich einen gemütlichen Radlerurlaub verbringen. Spezielle Radwege abseits der Straßen findet man allerdings nur selten. Dafür gehört vor allem der Rennradfahrer ganz selbstverständlich zum Bild des französischen Straßenverkehrs. Die Autofahrer sind so an die Radler gewöhnt und nehmen in der Regel ein ausreichendes Maß an Rücksicht.

# Großbritannien

### Radeln im Linksverkehr

Ob England oder Wales, Schottland oder Irland: Großbritannien präsentiert sich als eine Nation, die man wunderbar mit dem Fahrrad erkunden kann.

Die große Insel ist klein genug, um in aller Ruhe innerhalb einer Woche von West nach Ost durchradelt zu werden. Oder aber man entscheidet sich für bestimmte Regionen, wie das Mountainbike-Paradies Schottland. Aber ganz gleich, wo man sich in Großbritannien aufhält: Hier ist man im Straßenverkehr links unterwegs – eine kleine Herausforderung der besonderen Art.

### England

Sattgrüne Countryside und malerische Bergwelten, einsame Moore und weite Sandstrände, historische Städte und idyllische Dörfer: all das ist England. Um es zu erkunden, bieten sich die National Cycling Routes an, die großen Radfernwege.

Die bei Radtouristen beliebteste und auch die anspruchsvollste von ihnen ist die Sea-to-Sea-Route, die über 225 Kilometer vom nördlichen Lake District hinab nach Durham führt.

Über 40 Prozent der Strecke radelt man über Fahrradwege. Immer wieder gibt es Schnittpunkte mit anderen Routen des National Cycle Networks, des nationalen Radverkehrsnetzes. So kann man beispielsweise auf die Radverkehrswege The Three Rivers oder Coast and Castles wechseln.

## Schottland

Ob von majestätischen Bergen eingerahmte Seen, herrliche Küstenlandschaften oder violett leuchtendes Heidekraut im Herbst – in Schottland erwarten den Radfahrer vor allem spektakuläre Naturerlebnisse.

Um das Land zu erkunden, bietet sich vor allem die Lochs & Glens North Cycle Route an, die von Glasgow nach Inverness durch die schottischen High-

lands führt – der Besuch von Whisky-Brennereien und Loch-Ness-Watching inklusive.

Schottland bietet sich aber nicht nur für Überlandfahrten an: Es ist eine der beliebtesten Mountainbike-Regionen Europas. Die Offroader erwarten Trails und Wege in verschiedensten Schwierigkeitsgraden und in wunderschöner, abwechslungsreicher Landschaft.

## Wales

Der östliche Celtic Trail ist die ideale Route, um mit dem Rad die grünen Täler, romantischen Dörfer, ruhigen Landschaften und schattigen Wälder von Wales zu erkunden.

Auf der über 300 Kilometer langen Strecke hat man so beste Gelegenheit, in die Kultur und die Geschichte, aber auch in die faszinierende Vielfalt der Natur von Wales einzutauchen. Einladend sind vor allem auch die wild romantischen Küstengebiete.

## Nordirland

Viele Wege, wenige Autos und atemberaubende Panoramen erwarten den Radfreund in beeindruckender Landschaft. Um Nordirland vom Fahrradsattel aus zu erleben ist besonders der Loughshore Trail geeignet. An der über 150 km langen Strecke liegt unter anderem der Lough Neagh, der größte Binnensee des Vereinigten Königreiches.

Wer mit einem Trekkingbike unterwegs ist, kann zwischendurch auch immer wieder auf ausgewiesene Off-road-Strecken ausweichen. Zu den Sehenswürdigkeiten, die an der Route liegen zählen auch das berühmte 1000 Jahre alte keltische Kreuz in Ardboe sowie das spektakuläre Eisenbahn-Viadukt von Randalstown. Und natürlich führt die Strecke ans Meer, wo man sich in einsamen Buchten hervorragend vom Radeln erholen kann.

# Irland

## Radeln auf der grünen Insel

Irland gehört zu den Reisezielen, die man dank verschiedener Billigflieger sehr preisgünstig erreichen und dann erradeln kann. Der Fahrradtourismus steckt hier zwar noch in den Kinderschuhen, aber auf dem weit verzweigten Netz an kleinen und ruhigen Straßen findet man hervorragende Möglichkeiten, das Land vom Sattel aus zu erkunden.

Das irische Fremdenverkehrs-amt bietet Informationen zu vier ausgewiesenen Fernrouten, die vor allem die beeindruckende Schönheit des Landes vor Augen führen. Hier findet man all die Naturbilder, die so typisch für die-se Insel sind – von den sattgrünen Wiesen bis hin zu den wildroman-tischen Küstenlandschaften. Viele Gegenden eignen sich dabei her-vorragend, um abseits der Straßen mit dem Mountainbike oder dem Trekkingrad erkundet zu werden.

Aber auch die Geschichte und die Kultur Irlands können sich sehen lassen: Das Hügelgrab New-grange im County Meath bei-spielsweise ist älter als die Pyrami-den in Ägypten und steht auf der Liste des Unesco-Weltkulturerbes. Einen Besuch wert ist ebenso Trim Castle, eine der wichtigsten und größten Burgen Irlands.

Insgesamt ist Irland so ein kleiner Geheimtipp für all diejeni-gen Radfahrfans, die Spaß am Ent-decken und Zusammenstellen ei-gener Routen haben.

# Italien

## Radnation ohne Radwege

Während des Giro d'Italia und des ebenso bekannten Rennens Mailand-San Remo steht Italien ganz im Zeichen des Rennradsports. Hunderttausende begeisterte Landsleute beklatschen die Leistungen ihrer großen Radsportidole – aber selber aufs Fahrrad steigen nur wenige Italiener.

Im Gegensatz zu seinem Ruf als Radsportnation gibt es in Italien so gut wie keinen Breitensport „Fahrradfahren". Dementsprechend dünn ist das Netz an Radwegen. Es gibt nur eine einzige, wirklich gut dokumentierte Strecke: Diese durchzieht ganz Südtirol und Trentino, vom Reschenpass entlang der Etsch bis nach Verona reicht die Strecke.

Seit langem ist ein über 2000 km langer Radweg von den Alpen bis nach Sizilien in Planung: die Ciclopista del sole. Aber von einem Radfernweg, wie man ihn beispielsweise in Deutschland kennt, kann auf dieser Strecke vom Brennerpass bis nach Neapel noch keine Rede sein. Und selbst die Teilstücke, die einige Radführer beschreiben, sind eher als lokale Streckenführungen denn als Radfernweg anzusehen.

Aufgrund der topografischen Lage und der Verkehrssituation eignet sich Italien nicht gerade für einen Familien-

urlaub mit dem Rad. Zum Radeln auf flachen Straßen bietet sich die Poebene noch am ehesten an. Für trainierte Rennradfahrer aber hat Italien einiges zu bieten. Vor allem die Alpenregion bietet anspruchsvolle Anstiege und gute Trainingsmöglichkeiten.

Besonders lohnenswert ist es, die Toskana mit dem Rad zu erforschen. Aber auch hier ist Fitness angezeigt, denn die meisten sehenswerten Kulturstädte wie Siena oder Lucca wurden auf Bergen erbaut und die Anstiege haben es in sich. Für die Region ist ein Trekkingrad eine gute Alternati-

ve zum Rennrad, vor allem dann, wenn man sich über Nebenstrecken bewegen möchte. Diese sind allerdings oftmals nicht asphaltiert.

Im Norden des Landes bietet auch Venetien reizvolle Radsportmöglichkeiten. Am Fuße der Alpen wartet eine leicht bergige Landschaft mit vielen kleinen Nebenstrecken, die sich gut erradeln lassen. Und auch hier finden sich interessante Kulturstädte wie Verona oder Bassano del Grappa. Venedig selbst zählt leider natürlich nicht zu den Städten, die man mit dem Rad erobern kann.

Mountainbike-Fans kommen vor allem in Norditalien, aber auch auf den Inseln wie Sardinien oder Sizilien auf ihre Kosten.

# Niederlande

Wenn man von einem Land in Europa als Radfahrnation sprechen kann, dann sind es die Niederlande. Glaubt man der Statistik, dann radeln die Holländer mehr als 14 Milliarden Kilometer pro Jahr – das macht vom Kleinkind bis zum Senior durchschnittlich 2,5 Kilometer pro Tag.

Da wundert es nicht, dass es hier – wenn auch nur ganz knapp – mehr Fahrräder als Einwohner gibt und jährlich bis zu 1,5 Millionen neue Bikes verkauft werden. All diese Zahlen belegen, dass die Niederlande mit Abstand Europameister im Fahrradfahren sind.

Das Fahrrad gehört hier zum Straßenverkehr wie die Tulpen zum Blumenbeet – allerorts trifft man auf die Radler. Vor allem auch in den großen Metropolen wie Amsterdam, Den Hag oder Rotterdam ist das Fahrrad eines der Hauptverkehrsmittel – und so kann man in den Nierdlanden, im Gegensatz zu den meisten anderen europäischen Großstädten, alle Sehenswürdigkeiten auch gut mit dem Rad erkunden.

Letztlich kann man überall in Holland auch gut mit der Familie einen Radurlaub erleben. Im Zentrum stehen dabei vor allem die küstennahen Routen. Hier lässt sich hervorragend ein Aktivurlaub mit entspannenden Stunden am Wasser verbringen.

## Die Landelijke Fietsroutes

Obwohl man überall im Land gut radeln kann, gibt es ausgewiesene Radfernwege, die so genannten Landelijke Fietsroutes, kurz LF-Routen genannt. Mit diesem Kürzel, gefolgt von einer Nummer, sind diese auch ausgeschildert.

Mit über 6000 Kilometern vernetzen sie das gesamte Land und führen zu den schönsten Landschaften, Meeres-

abschnitten und Städten. Die Routen sind einer Fahrradini-
tiative zu verdanken und kamen unter Mithilfe von vielen
ehrenamtlichen Radfreunden zustande. Diese sorgen sich
auch um die Pflege der Strecken, sodass Urlauber hier einen
gleichbleibend hohen Qualitätsstandard vorfinden.

Die FL-Strecken sind bestens geeignet, einen ganz individuellen Routenplan zusammenzustellen. Wer sich lieber
an genaue Streckenbeschreibungen hält, dem empfiehlt sich
zum Beispiel die Route „Langs de Trekvaart". In der hollän-
dischen Blütezeit im 16. und 17. Jahrhundert zogen Pferde
die Lastschiffe durchs Land. Ihre Trampelpfade seitlich der
Schifffahrtswege, die Trekvaart, kann man heute ausgezeichnet mit dem Rad befahren. Auf den über 600 Kilometer langen Strecken lässt sich Holland so einmal auf eine
ganz andere Weise entdecken.

# Norwegen

## Wildes Land im hohen Norden

Wilde, unberührte Landschaft, Wälder, Seen und vor allem die spektakulären Fjorde – all das bietet Norwegen seinen Fahrradtouristen. Vom Sattel aus lassen sich die Weite und Schönheit des Landes direkt und intensiv erleben.

Die Norweger haben sich mittlerweile besonders auf sportliche Radreisende eingestellt. Die meisten ausgewiesenen Strecken stellen schon etwas höhere Anforderungen an die Kondition. Unter den 16 Fernradwegen, die gut dokumentiert und zum Teil auch perfekt ausgeschildert sind, findet man aber auch familienfreundliche Touren. Das Spektrum erweitern viele lokale Radwege, die sich bestens für Tagesausflüge eignen.

Für Mountainbikefahrer hält Norwegen ein besonderes Highlight bereit: Den Pink-Park im Skizentrum der Wintersportorts Geilo. Hier kann man sein Können unter anderem bei Wallrides, Dirt-Jumps, Boxer und Roadgaps zeigen. Auf zwei Abfahrtspisten lässt sich mit Speed den Berg herunter fahren. Und ein Express-Sessellift bringt die Radfahrer auf den 1080 Meter hohen Geilotoppen.

Wer das Land mit einem Offroad-Bike erkunden möchte, dem empfiehlt sich die „Abenteuerstraße". Sie führt vom Gebirge im Osten Norwegens bis zu den Fjorden der Regionen Hardanger sowie Sogn und Fjordane.

# Österreich

## Das alpine Radparadies

Österreich ist ein Urlaubsparadies für Radfahrfans – und das nicht nur für konditionsstarke Topradler, die die steilen Anstiege zu den Alpenpässen als perfekte Herausforderung empfinden. Das ganze Land ist durchzogen mit gut ausgebauten Radfahrwegen, die besonders auch für Familien ideale Tourvoraussetzungen bieten.

So wundert es nicht, dass die Alpenrepublik mit dem Donau-Radfahrweg von Passau nach Wien auf eine der meistbereisten Touren Europas verweisen kann. Über 100000 Menschen – von jungen Familien bis hin zu rüstigen Senioren – folgen hier während der Sommermonate dem Flusslauf der Donau von der deutschen Grenze bis in die österreichische Hauptstadt. Ein entspanntes Radfahrvergnügen ermöglichen nicht nur die speziellen Radwege über weitgehend flaches Terrain, sondern vor allem auch die perfekte Infrastruktur.

Diese trifft man überall im Land an. Ob Pensionen und Hotels, Gasthöfe und Restaurants, Fahrradgeschäfte und Reparaturwerkstätten – allerorts ist man auf radwandernde Urlauber eingestellt. Nicht nur an der Donau, sondern auch an vielen anderen Flüssen wie Inn oder Enns, Mur oder Drau kann man auch ohne Top-Kondition entlangradeln.

Insgesamt kann man in Österreich über 100 detailliert ausgearbeitete Routen radeln. Viele von ihnen bieten vor allem Familien entspannte Radurlaubstage. Wer sich hier

aufmacht, erlebt nicht nur Natur pur:
Eine ganze Reihe der Routen stehen
unter einem speziellen Kulturmotto. So
kann man beispielsweise im Salzburger
Land mit dem Rad Mozarts Spuren folgen.

Aber auch abseits der speziellen
Radwanderwege finden vor allem
sportlich ambitionierte Fahrer ideale
Bedingungen. Viele Bergstrecken for-
dern auch gut trainierte Fahrer kondi-
tionell heraus, belohnen die Mühen
aber mit fantastischen Panoramen.

Aber nicht nur Reise- und Rennfahrer kommen in Österreich auf ihre
Kosten. Der Tourismus bietet auch
Mountainbikern hervorragende Bedingungen. Über 3500 Kilometer Offroad-
Strecken hat das Land für die Biker frei-
gegeben. Österreich ist damit ein wah-
res Eldorado für diesen Sport.

In Kärnten führen beispielsweise
zwölf Etappen in zwei unterschiedlichen Varianten über 20 300 Höhenmeter. Die traumhaften Wege und Trails
kann man entweder nach einem speziellen Roadbook abfahren oder man
folgt ihnen auf eigene Faust mit GPS.

# Schweden

## Weite Wege im Land der Elche

Sie haben Zeit? Viel Zeit? Sehr viel Zeit? Dann sind Sie auf den Radfernwegen Schwedens bestens aufgehoben, denn das gut ausgebaute Streckennetz umfasst Tausende von Kilometern. Allein die bekannteste Route des Landes führt auf über 2750 km ausgeschilderten Radwegen durch ganz Schweden: Der Sverigeleden, die Schwedenroute, durchzieht auf 26 Etappen das Land vom Fährhafen Helsingborg im Süden bis Karesuando, der nördlichsten Stadt sowie von Westen nach Osten.

Wer gerne an der Küste unterwegs ist, dem bietet der Cykelspåret eine lohnenswerte Alternative. Die Tour führt von Ystad nach Haparanda immer am Meer entlang. Hinzu kommen zahlreiche weitere regionale, gut ausgebaute Strecken, die zum größten Teil über asphaltierte oder gut befestigte und größtenteils autoarme Wege und Straßen führen. Und hier kann man genau das erleben, was man in Schweden erwartet: Ruhe und Erholung in weiten, weitgehend unberührten Landschaften. Und wenn man Glück hat, kreuzt auch mal ein Elch die Radroute.

Bei vielen Radfreunden ist die Insel Gotland besonders beliebt. Die meisten Strecken führen durch flaches Gelände – und die Abstände zwischen den Ortschaften sind nicht allzu groß. So ist man hier auch als radelnde Familie gut aufgehoben. Manche Strecken stehen dabei unter einem bestimmten Thema: So kann man beispielsweise mit der Astrid-Lindgren-Leden auf den Spuren von Pippi Langstrumpf oder den Kindern von Bullerbü radeln.

Aber auch abseits der ausgewiesenen Wanderwege lässt sich Schweden bestens mit dem Rad erkunden. Die meisten Straßen und Wege sind auch ohne Offroad-Räder gut befahrbar. Mit einer guten Karte ist es recht einfach, fahrradfreundliche Strecken in seiner Urlaubsregion auszusuchen. Allerdings sollte man bei der Routenplanung vor allem in Nordschweden darauf achten, dass man die langen Distanzen zwischen den Ortschaften und den Übernachtungsmöglichkeiten nicht unterschätzt.

# Schweiz

## Willkommen im Veloland

In der Schweiz nennt man ein Fahrrad schlicht Velo – und so kommt es, dass der Schweizer Tourismusverband die Alpenrepublik selbstbewusst als Veloland präsentiert. Diese Bezeichnung ist zu Recht gewählt, denn hier erwartet den Biker eines der modernsten Radfernwegenetze Europas und ein herausragender Service.

Dabei hat die Schweiz erst in den letzten Jahren ihr Herz für die Fahrrad fahrenden Touristen entdeckt, ist dann allerdings richtig eingestiegen: Umgerechnet mehrere Millionen Euro hat man in neun neue Fernstrecken investiert und zudem ein Netz von über vierzig regionalen Routen ausgebaut.

Entstanden sind nicht etwa nur Radwege entlang viel bereister Straßen, sondern auch Strecken, die abseits von den üblichen Tourismus-Pfaden in die schönsten Ecken des Landes führen. Welchen Aufwand man dabei betrieben hat, zeigt sich allein schon daran, dass man zum Teil extra Tunnel für die Radfahrer durch die Bergwelt getrieben hat. Und selbst in der Metropole Zürich radelt man entspannt auf eigens eingerichteten Wegen.

Natürlich ist die Schweiz mit ihrer Bergwelt in erster Linie ein Land für den anspruchsvollen, sportlich ambitionierten Radfahrer. Unter den Fernrouten finden sich aber auch solche, die mit dem Adjektiv gemütlich gekennzeichnet und deshalb auch für den Familienurlaub geeignet sind.

Auf eine Fahrradkarte kann man dabei fast gänzlich verzichten, denn die Beschilderung ist perfekt: Nicht nur, dass die Routen klar und eindeutig ausgewiesen sind, man findet auch Zusatzinformationen wie zum Beispiel welches Gefälle auf den nächsten Kilometern zu erwarten ist.

## Spezielle Verbindungszüge

Doch damit nicht genug: Entlang der Touren hat man spezielle Velostationen eingerichtet, in denen das Fahrrad sicher untergestellt werden kann. In den Ortschaften finden sich natürlich Pensionen und Hotels, die ganz auf die Bedürfnisse von Radfahrern ausgerichtet sind. In Zusammenarbeit mit der Schweizer Bundesbahn hat man zudem Möglichkeiten geschaffen, mit speziellen Zügen bestimmte Teilstrecken zu überspringen oder auch zu anderen Routen zu wechseln.

Wie ernst die Schweizer die Radfahrer nehmen, zeigt sich nicht zuletzt auch im Internet: Nicht nur, dass man auf der Homepage des Schweizer Tourismusverbandes (www. myswitzerland.com) perfekte Beschreibungen aller Routen findet: Hier informiert man sogar aktuell über Streckenbehinderungen wie Baustellen oder Umleitungen. Radlerherz, was willst du mehr?

# Slowakei

## Die Schönheit der Karpaten

Die Slowakei zählt immer noch zu den Geheimtipps unter Europas Radfahrländern – und das, obwohl sie über ein sehr gut ausgebautes Radnetz und eine gute touristische Infrastruktur verfügt.

Im Herzen Europas, wie die Slowakei sich gerne selbst bezeichnet, erwartet den Radwanderer eine überaus reizvolle, abwechslungsreiche Landschaft, die vor allem durch die Karpaten geprägt ist. Die verschiedenen Einzelgebirge, die diesen 1300 km langen Höhenzug prägen, erstrecken sich in einem großen Bogen von der Hauptstadt Bratislava aus bis hinab zur ungarischen Grenze. Die Hochgebirge wie die Hohe und die Niedere Tatra oder auch die Kleinen Karpaten bestimmen so auch die Topografie der Radwege. In der Slowakei geht es selten auf flachen Strecken gemütlich voran: Immer wieder muss kräftig in die Pedale getreten werden, um Anstiege zu meistern.

So empfiehlt sich dieses junge Land vor allem für erfahrene Radler, die ein etwas außergewöhnlicheres, aber faszinierendes Reiseziel suchen. Am beeindruckendsten sind ohne Zweifel die vielen Nationalparks und Naturreservate. Unter den insgesamt 6500 Kilometer langen, ausgeschilderten Radwegen finden sich so gleich eine ganze Reihe, die speziell bestimmte Naturlandschaften durchziehen. In ihnen finden sich beispielsweise einzigartige Höhlen, rauschende Wasserfälle und stille Seen.

Aber die Slowakei allein auf ihre Landschaften zu reduzieren, greift viel zu kurz. Kulturinteressierte kommen vor allem in Bratislava auf ihre Kosten – und entlang der Strecken liegen herrschaftliche Burgen und Schlösser. Auch wenn die Slowakei generell aufgrund der vielen Höhenunterschiede kein empfehlenswertes Land für radfahrende Familien mit kleineren Kindern ist, so gibt es doch eine gewichtige Ausnahme: Dem berühmten Donau-Radweg kann man von Wien weiter nach Bratislava folgen.

# Spanien

## Pilgerfahrt mit dem Rad

Mit dem Rad unterwegs auf einem Weltkulturerbe: das gibt es nur in Spanien. Aber wer sich von Pamplona auf den weltberühmten Jakobsweg nach Santiago de Compostela begibt, radelt genau dort, wo sich seit Jahrhunderten Pilger auf den Weg zum Grab des Apostels Jakobus aufmachen. Und so wunderbar die Landschaften und faszinierend die historischen Städte entlang des Weges auch sind – der eigentliche Reiz dieser Tour über zumeist nur wenig befestigte Untergründe liegt in seiner geistigen Dimension.

Eine kleine Besonderheit sind auch Vias Verdes, vier Radfahrwege entlang stillgelegter Bahntrassen. Die mit maximal 50 Kilometern recht kurzen Strecken finden sich in Andalusien, Katalonien und Aragonien. Was sie so reizvoll macht, sind nicht nur die schönen Landschaften, durch die sie führen, sondern vor allem die spektakulären Fahrten über Viadukte und Tunnel – darunter der mit 28 Kilometern längste Fahrradtunnel Europas.

Die radtouristisch am besten erschlossenen Gebiete liegen im Norden des Landes. Und trotz der Fahrradbegeisterung, die die Spanier vor allem während der Vuelta leben, ist Spanien kein ausgesprochenes Radparadies. Dafür schwingen sich viel zu wenig Einheimische in den Radsattel. Und dementsprechend gibt es nur wenige ausgebaute Radwege oder gar Parallelwege zu den großen Überlandrouten.

Während es vor allem in den Sommermonaten auf dem spanischen Festland letztlich viel zu heiß ist, um als Hobbyfahrer problemlos längere Strecken zurücklegen zu können, bietet Mallorca fast ganzjährlich ideale Radbedingungen. In den letzten Jahren hat sich hier viel getan: Die balearische Regierung hat mehrere hundert Kilometer Radwege ausgebaut, die vor allem in das Innere der Insel und den unbekannteren Norden führen. Und auch die Mountainbiker finden auf der beliebten Ferieninsel mittlerweile einige reizvolle Trails.

# Tschechien

## Beeindruckende Kulturlandschaft

Tschechien – das wird von vielen zu allererst mit der 1000-jährigen Kulturstadt Prag gleichgesetzt. Doch wie die Hauptstadt so das Land: Die kleine Republik wartet mit vielen pittoresken Städtchen, mächtigen Burgen und Schlössern sowie – nicht zuletzt – zwölf Bauensembles auf, die die Unesco auf die Liste des Weltkulturerbes gesetzt hat.

Hier mit dem Rad unterwegs zu sein, bedeutet so zu allererst, auf kulturhistorischen Pfaden zu radeln. Und so führen fast alle Routen in den großen Landesteilen Böhmen und Mähren vorbei an sehenswerten Baudenkmälern.

Es gibt dabei kaum einen Winkel des Landes, den man nicht erradeln kann, denn Tschechien bewirbt sich mit fast 30 000 Kilometern Radstrecken um die Krone des am besten erschlossenen Radfahrlandes der neuen EU-Länder.

Natürlich kommen auch Naturfreunde hier auf ihre Kosten. Sportlich ambitionierte Straßenfahrer und Mountainbiker finden vor allem im Erzgebirge radlerisch anspruchsvolle Herausforderungen. Aber es geht auch gemütlich – zum Beispiel entlang des neu ausgebauten Radweges Wien-Prag.

Überhaupt ist Prag der End- und Schnittpunkt vieler, vor allem internationaler Routen. So kann man beispielsweise auch von der bayerischen Grenze bei Furth im Wald aus auf ausgewiesenen Wegen in die tschechische Hauptstadt radeln. Und von hier aus führen gleich mehrere Routen zu den schönsten Landschaften und wichtigsten Sehenswürdigkeiten des Landes. Und so stimmt es also doch: Wer Tschechien sagt, kommt an Prag nicht vorbei.

# Ungarn

Das Herz des ungarischen Tourismus schlägt rund um den Plattensee. Hier im Westen des Landes befinden sich die meisten Urlaubshotels – und hier hat man sich familienfreundlich auf Radfahrbesucher eingestellt: Rund um den Balaton, wie der größte Binnensee Mitteleuropas in der Landessprache genannt wird, führt der sehr gut ausgebaute Balaton-Radweg. Die Strecke führt über 200 km auf flachen, neuen Radwegen oder gering befahrenen Straßen immer wieder zu wunderschönen Aussichtspunkten auf den See. Da sie nur wenige Anstiege aufweist, ist sie auch bestens für Familien mit Kindern und für Senioren geeignet.

Wer es etwas anspruchsvoller mag, der macht sich hier vom Naturschutzgebiet Klein-Balaton auf in Richtung Hügelland von Zala. Die Strecke, die unter anderem an dem mittelalterlichen Städtchen Nagykanizsa vorbeiführt, besticht mit beeindruckenden Landschaftspanoramen.

Die beiden Strecken gehören zu den vier längeren Radrouten, die das ungarische Fremdenverkehrsamt bewirbt. Aber auch abseits der wenigen gut beschilderten Radwege – zu denen auch die internationale Donauroute von Wien über Bratislava nach Budapest zählt – lässt sich das Land gut erkunden. Vor allem in den zehn Nationalparks Ungarns und entlang weiterer großer Flüsse wie der Drau oder der Theiß wartet das Land von Puszta und Paprika mit sehenswerten Landschaften auf.

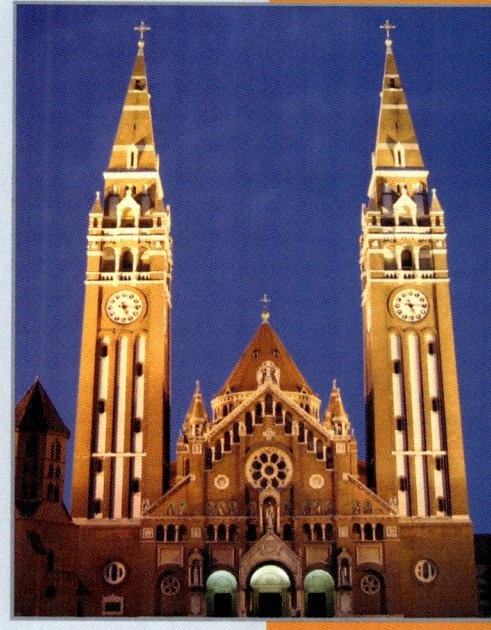

An der Theiß liegt auch die historische Weinregion Tokaj, die ebenfalls zum Weltkulturerbe gezählt wird. Apropos Kultur: Im ganzen Lande finden sich herausragende Sehenswürdigkeiten, die sich auch mit dem Rad erreichen lassen, wie beispielsweise die 1000-jährige Benediktiner-Erzabtei von Pannonhalma, die in einer malerischen Landschaft liegt. Und natürlich ist vor allem auch Budapest das Ziel einer Radreise wert, die zweigeteilte ungarische Hauptstadt mit dem historischen Burgberg Buda und der lebendigen Großstadt Pest.

# Sachregister

# Register der Hersteller

# Bildquellen

Fotos: 126,136: Bikefriday, Freiburg; 149: Bio Racer, Tessenderlo, Belgien; 158, 171, 187: BMC Racing, Grenchen, Schweiz; 146, 156, 157, 166, 167, 169, 170, 172, 174, 177, 178, 179, 180, 181, 182, 183 184, 185, 186: Bruce Gordon, Petaluma, USA; 34, 40, 52, 54, 64, 65, 84, 85, 100, 101, 107, 118, 125, 142, 190, 192, 193, 197, 206, 207, 218, 230, 243, 251, 253, 255: Cannondale, Bethel, USA; 2, 3, 12, 14, 15, 19, 20, 21, 36, 39, 46, 61, 86, 87, 88, 89, 96, 97, 98, 99, 111, 112, 117, 236, 262, 271, 273, 277, 278: Centurio, Magstadt; 93, 165: Colnago,Cambiago, Italien; 151, 152, 199: Continental, Korbach; 38, 66, 67, 159: Corratec, Raubing; 94: Faggin, Grefrath; 113, 114: Felt, Edewecht; 226, 227: Florian Schaaf, Rödermark; 134: Flux, Gröbenzell; 128, 133, 176: Hase Spezialräder, Waltrop; 140, 141, 265: Heinzmann GmbH, Schönau; 33, 42, 43, 59, 72, 132, 139, 173: Hercules, Neuhof an der Zenn; 162, 164: Höni, Unna; 214: Jens von Graevemeyer, suedraumfoto, Espenhain; 263: Johannes Steinkühler, Unna; 260, 261: Jürgen Schossig, Kandern; 16, 17, 18, 25, 44, 45, 47, 48, 56, 57, 58, 70, 71, 161: Kettler, Ense-Parsit; 131: Kettwiesel, Waltrop; 55, 79, 252: Koga, Heerenveen, Niederlande; 153: Magura, Bad Urach; 219, 250: Michael Hase, Unna; 147: Nöll, Fulda; 212, 213: Norman Lewandrowski, Borna; 78: Peugot, Paris, Frankreich; 73: Puky, Wülfrath; 228, 229: Rene Schulz, rscp-fotoagentur/ sportpict; 41, 122, 123, 135, 137, 138: Riese und Müller, Darmstadt; 74, 75: Schauff, Remagen; 150: Schwalbe, Reichshof; 148, 168: Selle Royal, Pozzoleone, Italien; 143, 144, 145, 160, 163, 175: Shimano, Stuttgart; 115: Storck, Bad Camberg; 29, 30, 31, 32, 35: Tanja Esser, Iserlohn; 92: Tobias Pehle, Medien Kommunikation, Unna; 76, 77:

## Team Medien-Kommunikation:
Text: Patrik Müller, Henning Mohr, Frank Winter
Redaktion: Yara Hackstein (Ltg), Peter Richter, Clarissa Conrad, Anja Hülsebrock, Beate Engelmann
Herstellung: Mathias Hinkerode (Ltg), Britta Wirth